多文明共存時代の農業

TAKAYA Yoshikazu
高谷好一

人間選書 241

はじめに

農業は今、もっぱら経済の観点で議論されている。農業をやっていても儲けにならないからやろうとする人が少ない、といわれる。政府が農民保護などを口にすると、一部の人たちは、そんなにまでして農民を助けなくともよいではないかという。まるで農業はお荷物のようにさえいわれる。これもみな、経済の観点からだけで見るからこういうことになるのである。

農民を助けるための補助金、などという言葉を聞くと、私などはつい、「ちょっと待ってくれ。あなたたちは根本的なところで間違っているから、そんないい加減な言葉が口をついて出てくるのだ。根本から考え直してもらわねばならン」といいたくなる。日本は今、町の人、田舎の人を問わず、全員で協力して日本の山河、日本の文化を守らなければならない時にきている。だから、国民みんなで一緒になって農業のことを考える必要があるのだ。一部の人たちの家計を助けるためにやるのではない。そこのところに一刻も早く気づいてもらって、この民族的危機から脱出しなければならない、と、そういいたいのである。

中国には宗族というのがある。姓を同じくする一門の集まりである。この宗族は族産というのを持っている。それで自分たちの先祖が出てきた土地に庭園をつくり、祖廟を建て、祭祀をしている。そうしたことが永久にやっていけるようにということで皆で資金を拠出して、本家にそれを預け、この庭園や祖廟を維持している。これが族産である。なぜこんなことをしているかというと、彼らは自分たちの宗族に大変な誇りを持っていて、それの繁栄を何よりも大切だと思っているからである。たとえ、多少の出費は必要になったとしても祖廟を中心に自分たちの故地を守り続けたほうが、同門の団結、繁栄につながり、結局は自分自身も得だと考えているからである。彼らは本家を援助しているのではない。自分たちのためにこうやっているのである。

日本の山河と農業は日本人の族産だと私は考えている。それを管理しているのが農民である。山河と農業と農民を日本人皆で守っていくことこそ、これからの日本の存続にとっていちばん賢明な方法である。それしか他に方法はない。そう思うからこそ、助けるだの補助金だのといわれると、基本的なところで間違っているといわざるをえないのである。

二〇世紀は経済の時代だった。だから農業も経済の面で語られた。しかし、二一世紀は文化の時代である。二〇世紀の名残を引きずっている今は、農業もまだ経済として語られることがあるのだろうが、やがてこれは終わる。これからは、農業は文化として語られることになるのである。

日本の文化の根本は何なのだろう。私は躊躇なく、それは農業だという。あの奇形の経済的暴走が始まるまでは日本人の八割は農村にいた。農村は農村共同体という見事な社会をつくり、田舎文化とでも呼ぶべき美しいものを持ち、実に心豊かに生きていた。それは江戸時代以降、三〇〇年間持ち続けてきたものであり、いまだにしっかりと私たちの身体の中に根づいている。ひとたび時代が文化の時代に入っていくのだということになると、日本の農業はたちまちきわめて重要なものとして立ち現われてくることになる。もはやそれ抜きにしては日本も日本人をも語りえない。そして、実際、世界は今、まさに文化の時代へ移っていこうとしているのである。

そもそも農業というものは世界中どこでも、それぞれの地域の文化そのものである。地球上には森や砂漠といった多様な生態があり、それに応じて多様な農業があり、それを基礎にして、多様な文化、多様な社会がつくられている。本書ではこの多様な世界をひととおり見渡し、それらがいかに見事に着地的な文化、社会をつくっているかを概観してみたい。いわば地球世界の基本構造を考えてみたいのである。そのうえで、日本のことも考えてみたい。

本書は四章建てにしているが、各章の概要は次のようなものである。

第一章は「農業の誕生―世界の生態と四つの農業起源地―」としているが、これは第二章以下の記述をその上に載せるための基礎になる白地図である。まず、世界を砂漠、草原、森とサバンナ、熱帯多雨林、山地と大きく五つの景観区に分けて、その上に四つの農耕起源地を書きこんでいる。図1（一四ページ）がそれである。これで農耕が始まったころの地球の様子をまず示している。

第二章は「環境に適応した自給的な地域農業」としている。ここでは、起源地から拡散していった農業が、到達した先々でどんな地域農業をつくり上げたかを述べている。この地域農業は、いくつかの類型に分け、それをまた細分、ときに再細分している。その様子は図2（二四ページ）に示したようなものである。各地域の詳しい論述もしている。ここでは世界農業のマンダラを感得していただきたい。

第三章は「売るための農業」としている。第二章で述べた地域農業はいずれもが、何千年もかけて、その土地の人びとがじっくりと育て上げてきたものである。だが、この第三章のものは違う。これはいわゆる近代に入って他国者がもっぱら利潤追求のためにつくり上げたものである。単品の大規模栽培が中心である。その代表がプランテーションである。ここではその実例をいくつか述べている。とりあげたのは、カリブ海の砂糖キビ、アメリカの棉、ジャワの砂糖キビ、マレーのゴム、それに少し毛色は違うがアメリカのコメである。

第四章は「多文明共存の時代へ向けて―農業をどう考えるか―」としており、これは総括である。ここでは二つのことを論じている。最初は地域農業とプランテーションの関係である。次に、日本にとって農業は何だったのだろうかということである。日本の社会の最も大きな特徴は強い仲間意識の存在と自給自足を基礎に据えた国づくりである。すくなくとも江戸時代から明治時代にかけてはそうであった。その基礎の上に明治以降の日本は大きく伸びたのである。そして、それの基礎のところにあったのが稲作である。この章では、こうしたことを論じている。

世界は今、大きく変わりつつある。もうすぐ多文明の時代がやってくる。それぞれの社会が本当に自分の身にあった生き方をする時代に入っていくのである。こんな時、本当に強い足腰を持ち、日本人らしい生き方をしようとするなら、私たちはどうすべきなのか。日本が自らつくってきた歴史的背景からして、結局もう一度、農業に目をやり、そこから考え直し、組み立て直していくより手がないのではないか。これが第四章の論点である。また同時に、この小冊子の主張である。

二〇〇二年一月

著者

目次

第一章　農業の誕生

―世界の生態と四つの農業起源地―

一、世界の生態区分

世界には大森林もあれば砂漠もあって、その生態は多様なのだが、それが地球上でどのような分布をしているのかをまず最初に見ておこう。農業はもともとは、そうした地域の環境に適応しながら発展してきたのである。

図1には、その生態の多様性を示すために五つの景観区が示してある。砂漠、草原、サバンナと混交森、熱帯多雨林、山地の五つである。砂漠、草原、熱帯多雨林については説明の必要はなかろうが、他の二つはいささか曖昧な言葉なので付言しておくと、次のようなことである。

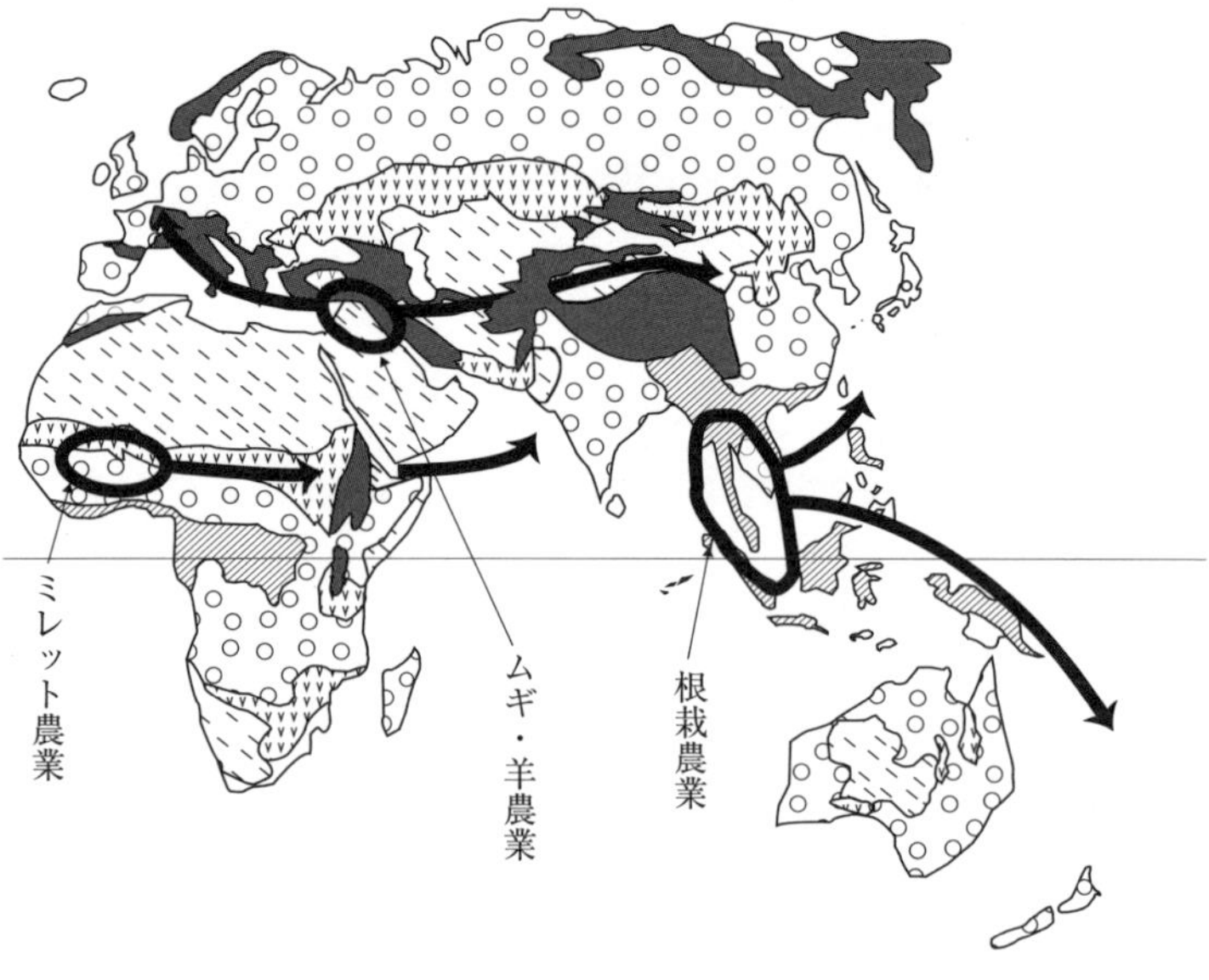

農業の4つの起源地

サバンナと混交森といっているものは熱帯多雨林以外のいろいろな疎林と密林を含んでいる。樹高の極端に低いブッシュ地帯もあれば高木林もある。山地とした所もいろいろなタイプの林を含んでいる。標高の低い所では高木もあるのだが、標高が上がると低木が多くなり、やがてお花畑になったり岩の原になったりする。

二、四つの農業起源地

中尾佐助は『栽培植物と農耕の起源』（一九六六年、岩波新書）で四つの起源地を示している。[1] 図1にはその四つの農業起源地をも示してある。これらの四つの起源地にかんして、中尾は次のようにいっている。

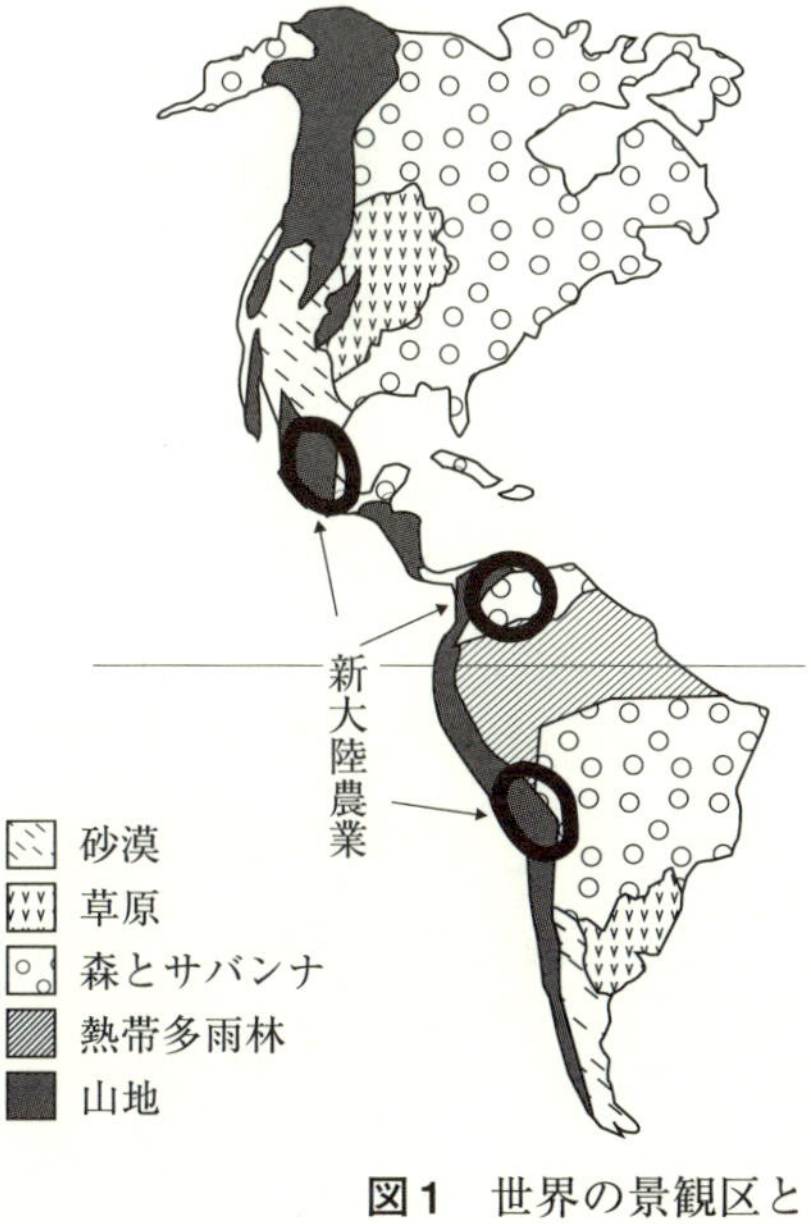

図1　世界の景観区と

1　ムギ・羊農業

中尾の本の中では「地中海農耕」となっているのであるが、私はムギ・羊農業としておきたい。名前を付けかえた理由は、ひとつはあとの農業展開にきわめて重要な働きをするムギと羊・山羊を重要視したかったからである。今ひとつの理由は、地中海という地名に違和感を覚えるからである。地中海よりもより重要な所はチグリス・ユーフラテス川をとりまく山地、すなわち肥沃な三日月地帯ではないかと思うからである。ともあれ、この起源地が産み出した主な作物はオオムギ、コムギ、エンドウなどである。

肥沃な三日月地帯というのは図1を見ると砂漠と山地の組合わせからなる所である。ここではチグリスとユーフラテスという二つの川がシリアとイラクの砂漠を流れ下っている。そして、この二つの川を抱きかかえるようにしてレバノン山脈、トルコ東部の山々、イラン・イラク国境のザクロス山脈が三日月に似た格好で続いている。この山地は標高の低い所は砂漠だが、一〇〇〇メートルを超える高い所ではレバノン杉が茂っている。そして、その中間の高さの所がカシを主体とした疎林になっている。このカシ帯の林床が野生ムギを多量に含んだ草地になっている。

詳しく見ると生えている木や草はもう少し多様である。カシ様の木の他に野生のリンゴのようなものもある。下に生えているものにも、ムギ類の他に、ベリーをつけるものもある。そういうものはあるのだが、全体をとおしてみると木の密度が低く、下には草が生え揃っていて、ヨーロッパの公園のように見える。だから、一部の書物ではここの植生景観をパークランドとして紹介している。そして、その草を食んで羊や山羊がいる。これはもう、ムギ農耕と羊や山羊の放牧をするのにこれ以上ないような好適な環境である。実際、ファン・ツァイスト「西南アジアにおける食用植物の痕跡」[2]などは、ここでムギ農耕と羊・山羊飼育が始まったのだといっている。

もっとも、栽培化や家畜化ということは実際にはきわめて難しい問題を含んでいる。そこに野生ムギがたくさん生えていたから、それをしごいて食っているうちに、栽培が始まったといったものではないらしい。多くの野生種は多年生なのだが、現に栽培されている穀物は、コメも雑穀も含めて全て一年生である。だから野生種と栽培種の間には大きなギャップがあり、それを埋める作業が必要になってくるのである。中尾（一九六六年）もこの間の議論をしている[1]。こういう問題があって、栽培の起源地決定には難しい問題があるのだが、とにかく、このチグリス・ユーフラテスを取りまく肥沃な三日月地帯がムギ・羊農業を最初に始めたことは間違いなさそうなのである。

2　ミレット農業

ここでミレットといっているのは、コメ、ムギ、トウモロコシを除いた小粒穀類のことである。シコクビエやソルガム、トウジンビエ、キビ、アワ等々をさしている。私はミレット農業という言葉を用いたが、中尾（一九六六年）はサバンナ農業という言葉を用いてい、このミレット農業はアフリカ西部に源を発するニジェール川上・中流域で起源したとしている。モロコシ、トウジンビエ、ササゲ、ヒョウタン、ゴマなどが主要な作物であると中尾はしている(1)。

このニジェール川中・上流部は、その生態環境が肥沃な三日月地帯とはまったく違う。まず第一に肥沃な三日月地帯は北緯三〇度より北で温帯にあるが、ここは北緯一〇度から二〇度ぐらいで熱帯である。次に肥沃な三日月地帯は山地だが、ここは広大な平原である。前者が豊かな草で覆われた山腹なら、ここは半砂漠の平原である。より詳しくいうと、この地域は南に行くと落葉樹の卓起する（多く混じる）サバンナで、北部は砂漠である。その中をニジェール川が流れている。この川は七、八月には大増水し、正月前後にはほとんど干上がってしまう。干上がると周辺に広大な砂漠の氾濫原を現わす。

ミレット農業はこの乾燥熱帯のニジェール川沿いに生まれたのだが、東進し、海を渡って、インドにまで広がったとされている。遠距離を東進すると、少しずつ違った環境にも出会い、そこで次々と新しいミレットをとり入れて、作物の種類を増やしていった。アフリカの東岸を離れるまでにシコクビエとテフ（エチオピア固有の極小粒の穀類）をとり入れた。

インド亜大陸に渡ると、アワとキビをとり入れ、加えて多数のマメ類をとり入れた。このミレット農業はその後さらに東進し、中国東北にまで到るのである。

3　根栽農業

中尾（一九六六年）も根栽農業という言葉を用いていて、この農耕の中心的な作物はバナナ、ヤムイモ、タロイモ、砂糖キビだとしている[1]。これらの作物の特徴はいわゆる栄養繁殖を行なうことである。すなわち、イモそのものを植えたり、挿木で増やしたりするものであり、種子を播いて増やすといったものではないということである。

なぜ種子を播かないのかというと、これらの植物はほとんど種子をつけないからである。なぜ種子をつけないのかというと、年中雨の降っている所では、花が咲き難いし、たとえ咲いたとしても花粉が雨に流されて受粉しにくいからだ、などといわれる。

根栽農業は熱帯多雨林のものだなどといわれるが、本当の熱帯多雨林だとするには無理がある。本当の熱帯多雨林だとイモも太らないのである。イモ類が大きなイモをつけるのは気候的なストレスがあるからである。例えば、雨の降らない乾季がやってくる。すると、それを察知したイモは乾季を生きのびるために葉を落とし、根に澱粉を貯める。そうだとすると、年中高温多湿な熱帯多雨林地帯はイモを太らすには不適な所だということになる。根栽農業というのは、熱帯多雨林地帯のものというよりも、少し離れた所から出てきたと考えるほうが自然のようである。中尾（一九六六年）はタロイモはビルマからアッサムにかけての地域で起源したのではないかとしている[1]。

ともあれ、こうして東南アジアに起源した根栽農業はその後、ニューギニアから太平洋の島々へ大々的に広がり、その他に琉球列島から本州まで広がった。そして一方では西進して熱帯アフリカに伝播した。

4　新大陸農業

新大陸には少なくとも三つの地区が起源地と呼ばれうる可能性があるらしい。それは図1に示したように、メキシコのあたり、ベネズェラのあたり、それにペルーからボリビアにかけてのあたりである。これらの三つの地区は次のような生態を持ってい、それぞれに固有の作物を持っているとされている。

まずメキシコのあたり。ここは山地である。緯度的には亜熱帯乾燥帯に入っているので、サバンナ的な植生が卓越する。ここでトウモロコシがはじめて栽培化されたらしい。アフリカのサバンナ帯がソルガムなどのミレットを栽培化したのによく似ている。このあたりはまたサツマイモの栽培を最初に始めた所だともいわれている。

ベネズェラのあたりは図1では森とサバンナとしているが、詳しく見ると実に多様なものを含んでいる。一部には熱帯多雨林も入りこんでいる。地形的には脊梁山脈から離れていて低平地である。要するに少し乾燥気味の熱帯低地と考えればよい。ここでキャッサバの栽培が始まったといわれている。

いちばん南のペルー・ボリビア周辺としたものは、標高が四〇〇〇メートル前後のアンデス高冷地である。ここでジャガイモが栽培化された。ジャガイモ以外にもいろいろなイモ類が栽培化されている。東南アジアの熱帯多雨林地帯の根栽農耕とはおよそ異質な根栽農耕がアンデスの高冷地で起源しているのである。

第二章　環境に適応した自給的な地域農業

起源地で発生した農耕は周辺に拡散していくわけだが、拡散した先々で新たな環境に遭遇して、そこで新しい展開をとげる。いわゆる地域農業が出現し、熟成していくのである。その有様を系譜的に見たときには図2のようなものにまとめることができる。ユーラシア大陸ではムギ・羊農業とミレット農業がお互いに拡散しあい、絡みあって、ユーラシア地域農業群を繰り広げた。アフリカ大陸ではユーラシア大陸ほど雄大な展開はしなかったが、やはり二つの農耕は絡みあって地域農業を展開した。これに対して、熱帯アジアの根栽農業はユーラシア大陸から押し寄せて

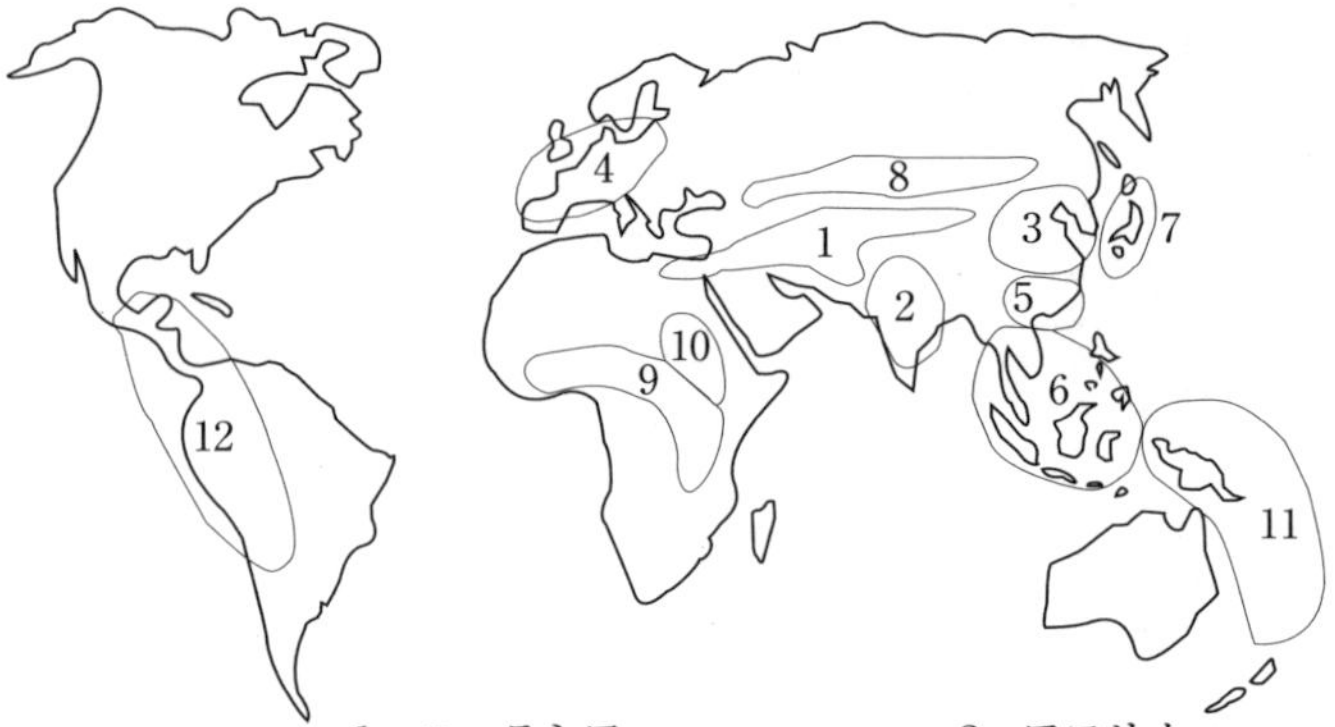

1　ユーラシア
- オアシス灌漑農業①
- 天水農業の核心域
  - インド②
  - 華北③
- 天水農業の地方的展開
  - ヨーロッパ④
  - 中国南部⑤
  - 東南アジア⑥
  - 日本⑦
- 遊牧⑧

2　アフリカ
- ミレット農業⑨
- 牧畜⑩

3　オセアニア
根栽農業⑪

4　新大陸
トウモロコシ他⑫

図2　代表的な地域農業

きた穀類系の農業に押されて、太平洋の方面に移動していった。新大陸ではトウモロコシやキャッサバ、ジャガイモといった優秀な作物を育て、一方では他の大陸の作物群をも受け入れた。

この章では、プランテーション農業が始まる前の、いわゆる伝統的な地域農業がどのように展開していったのかを見てみたい。

一、ユーラシア大陸の地域農業

肥沃な三日月地帯に起源したムギ・羊農業は、大変面白いことには、その下のチグリス・ユーフラテス河谷《かこく》に降りると、そこで高度な技術を伴うオアシス灌漑農業を創出し、一気にオアシスを伝ってユーラシア大陸全域に拡散した。そして、いわゆる四大古代文明の花を咲かせた。

このオアシス灌漑農業は、同時にその周辺では天水農業をも産み出した。こうして幅を広げた農業は各地で独自性を発達させせながら展開するのだが、それを最も高度に展開させたのがインドと華北である。

最初の農業のなかにはムギ耕作の他に、すでに羊や牛の飼育を伴っていた。各地に展開した農業はしたがって多くの場合家畜飼養をも伴ったのである。そうしたなかでは、家畜飼育にだけ特化した地域も出てきた。モンゴルの草原がそれである。

また一方では家畜を脱落させていく地域も出てきた。湿潤な森林熱帯がそれである。ここではそこにあった稲を中心作物として穀作を発達させ、水稲耕作や焼畑耕作を確立していった。

以下には、これらの地域農業の展開を見てみよう。

1　オアシス灌漑農業

おそらくは、交易活動が活発になってきて、それにつられてのことだろうが、肥沃な三日月地帯の山腹に起源したムギ・羊農業は乾燥した河谷《かこく》に降りてきた。そしてそこでオアシス灌漑農業を創出した。これは、いったん確立するとユーラシア大陸だけでなく、アフリカのオアシスにまで一気に伝播していった。

山腹から河谷へ

野生のムギの多い山腹で起源した最初期の農業は天水だけに頼るものであった。そこはムギ類の自生地だったから、ムギの入手には何の苦労もいらなかった。しかし、やがて人びとはこの安楽な高みからチグリス・ユーフラテスの河谷に下ってきた。交易をするためには谷筋が便利だったからではなかろうかと私は考えている。すると、とたんに灌漑が必要になった。農業用の灌漑だけでなく、飲み水用の井戸さえつくらねばならなくなった。なにせそこは砂漠だったからである。

砂漠に向けて降り始める時期がだいたいわかっている。紀元前五五〇〇年ごろである。ザクロス山脈の西麓に近い所でチョガマミ遺跡というのが発見され、そこからは山麓につくられた灌漑水路が検出された。世界最古の灌漑水路ではないかといわれている。これ以降、灌漑を行なってムギをつくる集落が河谷にはいくつも現われた。

メソポタミアの農業

メソポタミアは四大古代文明のなかでも最も早く現われたものである。これは右のチョガマミの発展型であると思われるのだが、それがどんなものであったのかを見てみよう。結論から先にいうと、信じられないくらい高度に発展した農業で、都市園芸にも近い様相を呈していたのである。

この農業そのものを述べる前に、まずそれが行なわれていたメソポタミアの風景を述べておこう。ここは今では平坦な砂漠である。その中に二つの川が流れている。いずれも水量の少ない浅い川である。その川筋にいくつかの都市が築かれた。それらの都市はどれもこれも城壁で囲まれた、コンパクトなものである。町の中央には巨大なジグラット（台形のピラミッド）があって、そこには町の守護神が祠られていた。ジグラットのまわりには神官の家々があり、それをとり囲んで一般の人たちの家々があった。いわゆる神殿都市国家がい

図3　山の高みには木があるが，河谷は砂漠（写真はイラン）

くつも並び立っていたのである。チグリス・ユーフラテス河谷ではこんな風景が紀元前四〇〇〇年紀にはもうできあがっていた。

なぜこんな早い時期に、都市国家群ができあがったのか。そのことについて少し触れておこう。まず、ここは砂漠地帯だったから水場が限られていて、集住せざるをえなかった。それに彼らは交易を行なう商人でもあった。だから財宝を持っていて、それを守るために町を城壁で囲い、防禦を固めていたのである。それをそれぞれの町単位でやっていたので、町の守護神を奉じ、神官をおき、組織を固めていたのである。メソポタミア古代文明というのは基本的にはこういうものであった。

そんなところで現われ出たものがオアシス灌漑農業である。オアシス灌漑農業は先にも述べたようにチョガマミの時代に現われるのだが、ウル第三朝（前二一〇〇年ごろ）になると、もっと盛んになった。そのころになると農業のことを記した粘土板が多く現われて、それらから耕作の様子を詳しく知ることができる。前川和也の「古代シュメール農業の技術と生産力」（柴田三千雄ら編「世界史への問い」2『生活の技術、生産の技術』一九九〇年、岩波書店所収）によると、その有様は次のようなものであった(3)。

オオムギが圧倒的に多くつくられ、エンマームギもつくられた。コムギもあったが、これは多くはつくられなかった。これらのムギが条播器《すじまき》（種子をすじ状に播く道具）を用いて播種された。前川は「三人ないし四人よりなる労働者チームが、条播器つきのスキをひく役畜をコントロールし、そして、そのうちのひとりが、漏斗に似た条播器をとおして播種条に種子を落としていった」(3)（五六ページ）といっている。ちなみに、バビロニア（前一八二六―前一五二六）の印章シールにはこの条播器が描かれたものがある。図4がそれである。

こうしてつくられたムギ類は普通三〇倍の収穫が期待されていた。ときには七〇倍以上もとれた。昔は収量は一粒の種子から幾粒の収穫があったかで計ったのである。近世ヨーロッパの収量が三～四倍であったのと比べると、この収量がいかに大きなものであったかがよくわかる。

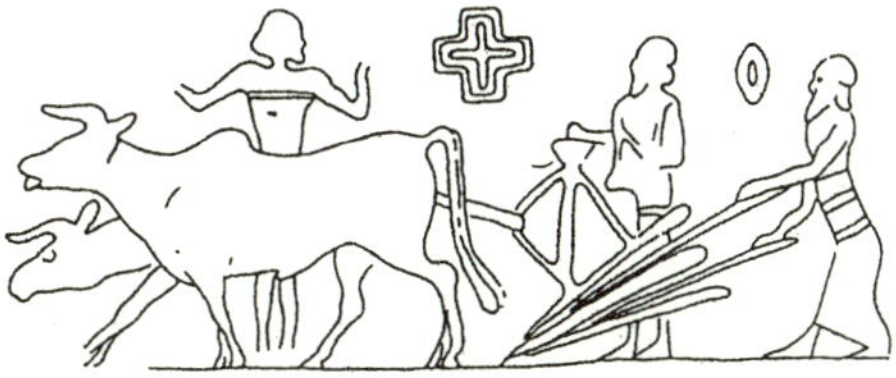

図4　メソポタミアの条播器つき犂（B.C.2000年紀）

こうしたムギつくりはしばしば神殿直営で行なわれた。神殿の記録には、耕起、播種、除草、収穫がいつ行なわれたか、それぞれにどれだけの労働者を用いて行なわれたか、その結果どれだけの収量があったかを示したものが多いという。

紀元前の二千数百年の昔、メソポタミアには城郭都市が立ち並び、その周辺では神官の指導するきわめて高度に発達したオアシス灌漑農業が、農業というよりは、むしろ園芸とでも呼んだほうがよいような形で行なわれていたのである。

たぶん、メソポタミアより少し遅れるのだろうが、ほとんど時期を違えずして、ナイル・デルタにも灌漑農業が起こった。しかし、その農業はメソポタミアのそれとはだいぶ違った。同じ砂漠地帯にあるのだが、水の来方が違ったから、違った耕作法が発達したのである。

ナイル・デルタの農業

チグリス・ユーフラテスは本当に水の少ない川である。あまり多くの人たちが川岸に住むと、海に達するまでに水がなくなってしまうような川である。だが、ナイルは違う。これはその源流が赤道アフリカの多雨地帯にあるから膨大な水を流してくる。ただ、その水は夏の終わりから秋にかけてやってくる。普段はカラカラに乾いているデルタに、このころになると大洪水が押し寄せてきて、広大なデルタに溢れる。

こういう環境のなかでムギ作は次のような方法で行なわれた。洪水がもう来そうだというころになると、人びとは牛に犁を曳かせた。洪水がやってくると耕起しておいた土地は水没してしまう。だが、やがて秋が深まるとその氾濫水も引いていく。水が畑から消えるか消えないかという時になると、人びとはそこにムギをバラ播きし、その上に多数の羊を入れた。種子を踏みこませたのである。そうしないと、せっかく播いた種子は鳥についばまれてしまう。こうして播かれたムギは、土壌に含まれた水分だけで生長し、数ヵ月後には結実した。

少し時代が下ると、王はデルタに水路を掘りだした。自然の状態だと起伏があって氾濫水はどうしてもそんなに遠くまでは広がらない。それで、氾濫水をより遠くまで溢れさせるための水路を掘ったのである。そしてそこでも同じように洪水が退いたあとでムギが播種された。このようにして氾濫水を利用したナイル・デルタ特有の農業がつくり出されたのである。この農業を私たちは氾濫灌漑農業といっている。

さて、ムギが実ると鎌で刈り、それを牛蹄脱穀した。牛蹄脱穀とは、牛糞を塗って特別にきれいに仕上げた脱穀場に刈り取ったものを広げ、その上を牛やロバに歩かせるのである。すると蹄で踏まれた穂から穀粒が落ち、藁はバラバラになる。これが牛蹄脱穀である。こうして得た穀粒は人間用に、藁は牛の飼料用に持ち帰る。ムギ類を育てて、鎌で刈り、牛蹄脱穀するという大筋はメソポタミアの場合と同じである。

ただ細かい点になるとメソポタミアとナイルの間には違いが出てくる。例えば、ナイルでは条播器は用いられていない。バラ播きである。これは氾濫水が去った直後のドロドロの畑では犁は用いにくいし、ましてや播種器ではその筒先に泥がつまって使用しにくかったらしいのである。

両者の間にはその他の点でも違いがあった。少しの水しかないメソポタミアと巨大すぎる氾濫水のあるナイルとではその文化や社会に差が出てきた。水の少ない前者では集住のための都市国家群ができた。しかも、少ない水を取水し、漏らさず運び、分けあって使うという、人間臭いしかも緻密な文化をつくりあげた。一方のナイルは違う。ここでは神のみが制御しうる大洪水が流れている。こんな所では分裂的な小単位はできにくい。全てが一つの世界なのである。そして、その世界を治める神な

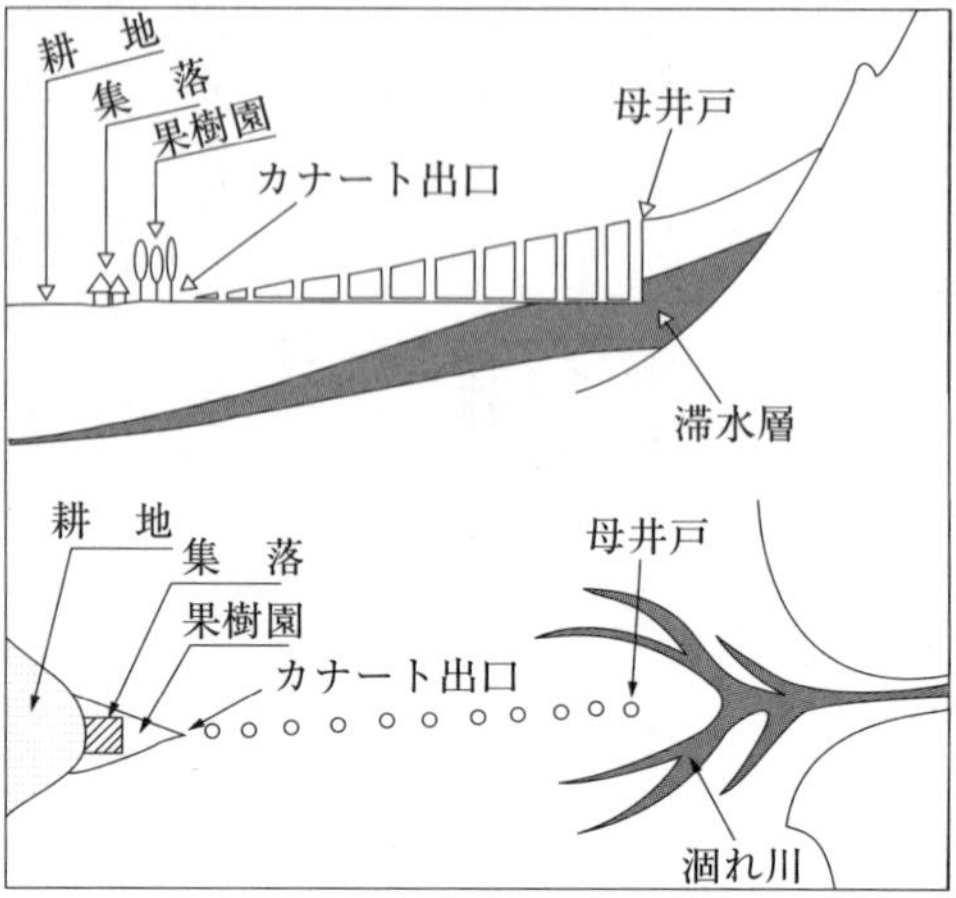

図5　フルク村のカナート
原隆一，1997年『イランの水と社会』古今書院，p. 42の図2－2を一部修正

る王が現われる。ファラオである。ナイルでは土地も水も全てはこのファラオが持っている。そして、人びとはこの王のもとで、自らは何のこざかしい細工もしないで、ただ氾濫水に従ってムギをつくっている。メソポタミアの商人兼神官の主導する都市国家に対して、ナイルは超絶する一人のファラオと大勢のおとなしい農民群からなる静止的な世界ができたのである。

カナート灌漑

四大文明はいずれも大河沿いに発達した。ナイル川以外は決して豊富な水を持っていたわけではないが、それでも少ないとはいえ年中地表流があるということは大きな特徴であった。それでは、通年の地表流のなかった所では人はまったく住まなかったのか、農業はできなかったのかというと、そうではない。地下水利用の農業があった。その代表がカナートを用いた農業である。これは水路灌漑ほど古くからあるものではないが、紀元前後にはもう現われていた。それは図5に示したような構造を持っている。

カナートは普通、高い山の麓につくられる。高い山だと雪渓がついている。そんな山の麓だと、たとえ谷は涸れ川であっても、そこには地下水の流れていることが多い。その地下水を捕えて地上に引き出してくるのである。

これには次のような工事を行なう。集落をつくり畑を開こうとする所を決めると、そこから五〇メートルぐらいの間隔で、狙った谷の出口に向けていくつもの竪穴を掘っていく。竪穴の直径は一メートル弱である。こういう竪穴をいくつも掘り、最も山に近いものが地下水に当たるまで掘っていく。地下水に当たった竪穴は母井戸といわれる。地下水に当たると、今度はこれらの竪穴の底を繋ぐトンネルを掘る。こうすると地下水をこのトンネルで導いてきて集落予定地の地表に湧き出させることが可能になる。これがカナートである。小さいカナートでも竪穴の数は一〇〇近くあり、したがってトンネルの長さは五キロメートルになる。母井戸の深さは二〇メートルに達する。長大なカナートだと母井戸と集落の距離は三〇キロメートル、母井戸の深さは一〇〇メートル近くにも達するものがある。

こうして湧き出したカナートの水は炎暑の砂漠でも凍りつくほどに冷たい。この水が飲料やその他の家事用水、粉ひきの水車まわしに用いられる。集落で使われるだけではない。集落を取り囲んでつくられた果樹園の中を流れ下り、野菜やムギの畑に入っていく。どんなに暑い夏でもオアシスに入るとひんやりとする。リンゴやスモモやザクロ、クルミ等々の果樹園の中を流れる水路の脇にじゅうたんを広げてお茶をすすり、水タバコ（タバコをつめる火皿と吸い口とが長いパイプでつながれていて、煙はパイプの途中に設置された瓶の水をくぐるようになっている）をふかすのは、住民にとっては最高の快楽らしい。砂漠では極楽とはどういう所かと説明するとき、水の勢いよく流れる果樹園を描いて説明する。

カナートで涵養されたオアシスは大変にすばらしい所なのだが、なにせ大変貴重な水だから、その使用に関してはきわめて厳格なルールがある。まず第一にムギなどというものよりも、もっと新鮮さの要求される野菜や、値の張る香辛料などに用いられる。そして、余分の水があるとムギなどに用いられる。

オアシスでは農業をするといっても畑の広さは意味を持っていない。何口の水利権を持っているかということが意味がある。集落ごとで一口の水量は決まっている。水量というよりも水の配られる時間である。それはAの村では二五分、Bの村では三〇分といった具合に決まっている。仮に私がAの村で五口分の水利権を持っているとすると、私は一二五分間だけ給水を受ける権利がある。ただ、それは任意の一二五分間というわけではない。午後三時二〇分から午後五時二五分までの一二五分などと決められている。その間だけ私は水路に接してとりつけてある私の畑の水口を開いて水を入れることができるのである。

さらにもっと困ったことには、この給水は毎日あるわけではない。普通は半月に一度ぐらいしかない。オアシスの畑には水路が毛細血管状に走っているが、その幹線への給水自体が番水になっていて、一本の幹線には半月に一度ぐらいしか水が来ないのである。だから、五口の水利権を持っている私も、例えば毎月三日の午後三時二〇分から午後五時二五分までと、十八日の同じ時間帯の二回しか水を受けられないというふうなことになる。

またこんなこともある。雪渓が例年より小さいとカナートの水量が少なくなる。すると、ムギ畑などへの給水は大幅に削減され、もっぱら果樹園にまわされる。水が少ないからといって果樹園への給水を少なくしてしまって、何年もかかって育てあげた果樹を枯死させたりしては大損害だからである。するとこんな年、小さい水利権しか持たない人は耕作ができなくなる。こうなると、人びとは知人を頼って何百キロメートルも移動していく。オアシスではこうした水不足で耕作不能というような事態はしばしば起こるから、こういう避難用の知人をちゃんと用意しておいて、さっさとそちらへ移っていくのである。

砂漠地帯では水利権が土地から離れて独立していて、それは株と同じように何口といって数えられる。また毎日の給水ではなく、何日かに一度の番水になっている。このことはカナートの場合だけでなく、メソポタミアなどのような大河筋でも当たり前のことである。

ちなみにオアシス地帯では、ムギなどの農産物はそれが収穫されたときには五等分されて、関係者はそれぞれの取り分を得るのだという。水利権の所有者、土地の所有者、種子の提供者、牛の提供者、労働力の提供者の五人の関係者である。貧乏人だと自分のものというのは労働力しかないから、収穫物は五分の一しか得る権利がない。

こういうルールが二〇〇〇年ほどの昔からがっちりとできあがっていて、そのなかで何とかして生きのびていくべく、お互いに力をあわせてやっている、それがオアシスの農業である。

オアシス灌漑農業の盛衰

オアシス灌漑農業は世界の農業のなかでも、特異な存在である。紀元前何千年というきわめて早い時期に、きわめて高度に発展し、その後はその技術をそのまま持ち続けて今日に到っている。ただこの間に世界各地にいろいろな子孫を残すことになった。オアシス灌漑農業の一生を概観してみよう。

肥沃な三日月地帯からムギ作がメソポタミアの砂漠に降下してきて、オアシス灌漑農業を発展させると、それは刻を移さずして、東西に伝播した。西にはナイル・デルタに到り、東にはインダス河谷、黄河中上流域と伝わった。チョガマミの灌漑畑が紀元前五五〇〇年とされたのだが、それとほとんど同じ時期に黄河流域にはムギとキビを出す半玻遺跡が現われている。砂漠地帯はいとも簡単にこうした文化が伝播する所らしい。これは森林地帯などとはまったく違う点である。こういうことのために一度私は、砂漠は文化の超高伝導体だ、と表現したことがある。

このオアシス灌漑農業は多くの地点で同時発生したものではなく、ひとつの点で発生し、そこから伝播したものであることは確かである。各地点のもつ文化要素のセットがあまりにもよく似ていて、そう考えざるをえないのである。栽培作物になったムギ、犁、蹄耕脱穀、水路灌漑の組合わせがそれである。羊や牛が伴われていることも同じである。それに、もっとはっきりしているものでは彩文土器がそれである。メソポタミアの彩文土器と黄河流域の彩陶は本当によく似ている。こんな手のこんだ、しかも個性的ものがそれぞれ独自に発生したとはちょっと考えられない。

紀元前五〇〇〇年という早い時期にこの砂漠地帯が農業の中心地、したがって人間活動の中心地になっていたのは、ここが衛生環境がよかったからである。森林地帯は開墾も難しいし、病原菌が多かったから、容易に入りこめなかった。だが木が少なく病原菌の少ない砂漠は住みやすかった。だから人間は最初この砂漠地帯に集中的に住みついたのである。しかも、すでに見たようにその水の得られる場所が限られているということから集住の形態は都市的になり、農業そのものは園芸的にならざるをえなかったのである。

図6　イラン，スーサ出土の彩文土器（左）と中国甘粛省大地湾出土の彩陶（右）

だが、鉄器時代に入ると事態は変わってきた。人びとは鉄器を手に入れると周辺のサバンナや混交林地帯の開拓に向かった。紀元前一〇〇〇年紀のことである。こうなると、農業はいろいろの地方的展開を行なうようになる。オアシス灌漑農業は自分とは違った子を産むのである。サバンナや混交林地帯では砂漠と違って少しは雨もあるから天水農業が展開したのである。このことは次節で述べたい。

天水農業がサバンナや混交林地帯に広がるようになると、砂漠のオアシス帯は農業の場としてはその地位を下げることになった。なにせ、サバンナや混交林の農業ポテンシャルは砂漠の比ではなく大きいから、一度開けてしまうと、食糧の大生産地になったからである。こうなると、砂漠はもっぱら交易路として機能することになった。森林地帯を通るよりはオアシスを連ねて砂漠を越えて行くほうが旅はしやすい。紀元前一〇〇〇年紀になるとラクダ・キャラバンという能率のよい輸送手段も現われて、この地帯はますます交易に特化するようになった。

2　天水農業の核心域

天水農業というのは、天から降ってくる雨水だけを用いて行なう農業という意味である。非灌漑農業といってもよい。本章ではその非灌漑農業のユーラシアにおける展開を見るのだが、その非灌漑農業が独自の体系を編み出して大展開した所が地球上には二つある。インドと中国北部である。それを天水農業の核心域として、ここでは記述したい。

(1)　インド――熟成した農的宇宙

インドの生態と歴史　インドは単純化してみると図7に示したように、インダス河谷部《かこくぶ》とガンジス河谷部、それに半島部に分けられる。

インダス河谷部はほぼその全域が砂漠である。そしてその中央をインダス川が貫流している。その様はチグリス・ユーフラテスの流れるメソポタミアに似ている。これに対してガンジス河谷部は違う。この河谷は上流部こそかなり乾燥するが、下流部になると多雨地帯になり、特に雨季の八月、九月は各地で大湛水が起こる。

半島部は全体として、西高東低の傾斜をなしている。西部の高みは玄武岩からなる台地で、いわゆるデカン台地といい習わされている。肥沃な赤土を持つ所だが、農業をするときには水不足が気になる所である。東に行くと全体として高度を下げ、雨量は西よりは増えてくる。インドの農業は基本的にはこういう生態的条件に縛られている。

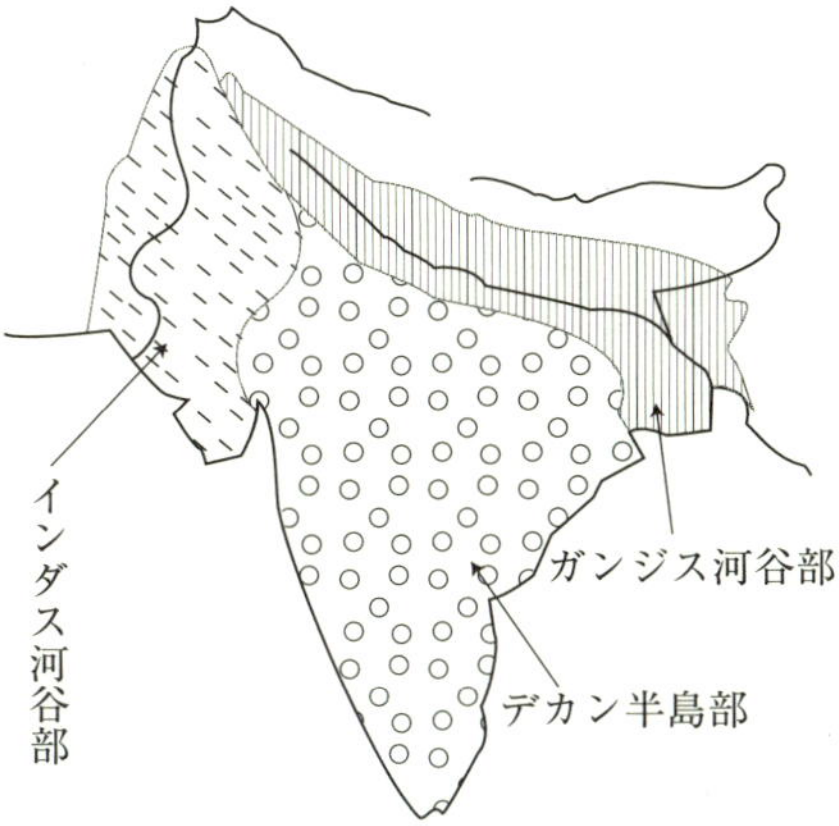

図7　インドにある3つの生態区

しかし、同時に文化的、社会的なものの影響も受けている。特に域外からの影響がある。インダス河谷部は四大文明のひとつインダス文明の栄えた所である。その農業はメソポタミアの灌漑農業の影響をきわめて強く受けていた。メソポタミアとほとんど同じものがあったと考えてよい。ところが、それが紀元前一五〇〇年ころに大きく乱された。中央アジアから遊牧民が進入してきて、ここを支配することになったからである。この段階で多くの原住民はインダス河谷からデカン台地に移動した。

そして、元のインダス河谷部には、一種の二重社会ができた。牧畜を主とする支配階級と灌漑ムギ作を行なう非支配階級からなる二重社会である。侵入してきたのは白い肌を持つアーリア系の人たちであり、被支配階級に組み入れられたのが褐色の肌を持つドラヴィダ系の人たちであった。紀元前一五〇〇年ころに起こったこの二重構造が現在に続くカースト制の起源だと考えられている。

一方、ガンジス河谷部であるが、ここには大昔から私たちと同系列のモンゴロイド系の人たちが住んでいて、稲作をやっていた。この稲作がどういう起源を持っているのかは今のところ、もうひとつ明らかにされていない。インドの学者にはここで独自に発生したものだという人が多いようだが、証拠はない。私などは、紀元前六〇〇〇年紀にメソポタミア方面から穀物栽培の技術が入ってきて、ここで野生稲に出くわし、稲作を始めたのではないかと考えている。いずれにしても、ここは古くからある稲作地帯なのである。そういう所に紀元前一〇〇〇年ごろにインダス河谷から灌漑ムギ作と牛を持った人たちが到来して、ここに、稲・ムギ・牛農業区とでもいったものをつくりあげた。

第三の地区、半島部は次のような状況であった。ここはずっと後までダクシナ地方（南方）、またはマハーカーンターラ（大森林地帯）といわれ、いわば化外の地（文明の及んでいない危険な土地）とされてきた。実際には人がいなかったわけではないのだが、アーリア的なバイアスからすると、ここは化外の土地だったのである。こういうアーリア的バイアスのために資料はあまり多くないのだが、現在の土地利用などから考えあわせると、ここには古くから、ソルガムやトウジンビエやシコクビエなどのミレット類、それに多種のマメ類を持ったいわゆるミレット農業がかなり高度に発達していたのではないかと思われる。その担い手はドラヴィダ系の人たちであった可能性が大きい。ドラヴィダ系というのはアーリアンのようなコーカソイドでもなければモンゴロイドでもない。第三のグループである。先にも触れたように、この人たちがインダス文明を担っていた人たちと同類である。半島部にはこのドラヴィダがかなり古くからいて、彼らがミレット類をつくっていたのである。

ムギ作に似た稲作

私たち日本人の目からするとインドの稲作は非常に奇妙である。なぜならそれは水稲であるにもかかわらず、水を入れない畑状態の所にバラ播きをし、せっかく生え揃った稲田に犁をかけてその一部を掘り起こしたりするからである。また、刈った稲は牛などに踏ませて脱穀する。深く湛水するガンジス・デルタなどでもそんなふうにして稲をつくるのである。

安藤和雄の修士論文「ベンガル・デルタ農業における稲作に関する研究」(一九八四年提出、京都大学農学研究科)に報告されているバングラデシュの稲作を見てみよう(4)。それは次のようなものである。田づくりは一月に始められる。二頭曳きの犁で荒起こしをし、その直後にモイという砕土器をやはり二頭の牛に曳かせてかける。モイは梯子状のものである。これを横長にして曳くのだが、しばしば人がモイの上に乗って重量をかける。この犁耕とモイかけの組合わせを四月中ごろまでの間に三回ほど行なう。この間、田はカラカラに乾いた状態である。

播種は五月に行なう。五月になると雨がやってくる。すると、湛水はまだ始まらないが、土は湿る。このころになると農民は特別の方法で播種時期を決める。土を握りしめ、それを両の掌の間で紐状に伸ばしてみる。パサパサで紐にならなくてもいけないし、ベトベトして紐にならない場合もいけない。ちょうど紐状になる土壌水分のときが播種適期である。このとき最後の犂耕とモイかけをし、その直後に播種する。播種は乾いた籾のバラ播きである。バラ播きをするとその上にまた犂をかけ、モイを数回かける。こうして覆土し、鎮圧する。万一、最適時期を失し、ドロドロになったり、湛水してしまったりすると、彼らは仕方なく芽出しをした籾をバラ播く。

稲が一〇センチメートルぐらいになると中耕・除草を行なう。生え揃った稲苗の上にマグワをかけるのである。するとマグワの歯にひっかかった稲や雑草は掘り起こされてしまう。そして、残りの稲はスジ播きをしたような格好になる。ときにマグワを縦横にかける。すると稲はまるで正条植えをしたように残る。安藤の調べたデルタではこのとき田は湛水しているが、高みだと、この時点でもまだ田は湛水していない。だからそんな所では、畑状でこの作業が行なわれるのである。

刈取りは鎌で根刈りされ、それは脱穀場で脱穀される。脱穀場は中央に竹竿を立てた円形のものである。そこに稲を広げ、それを牛に踏ませて脱穀する。横つなぎにした五、六頭の牛を中央の竹竿を中心にぐるぐると歩きまわらせ、脱穀する。いわゆる牛蹄脱穀である。

以上は現在のバングラデシュの稲作であるが、もっと古い稲作もこれに似ている。三田昌彦の「インド古代の農業経営」（一九八八年提出、名古屋大学大学院修士論文）は一一世紀ころの農書『クリシ・パラーシャラ』を検討して、当時のガンジス川中・下流域の稲作は次のようなものであったとしている[5]。まず、一月から三月にかけて牛糞を入れ、この間に犂耕を五回行なっている。播種は四月中旬から五月中旬である。播種後、マイカをかけた。三田は、マイカはバングラデシュのモイと同じものだとしている。

六月中旬から八月にカッタナを行なった。三田は、カッタナは間引き作業だとしている。三田自身はこのための農具については何も述べていないが、私自身は犂や耙《まぐわ》を用いた可能性もあるのではないかと思っている。そうだとするとバングラデシュの中耕・除草と同じだということになる。十二月下旬から刈り取り、打穀する。

一一世紀でもやはり水がなく畑状態の田に籾をバラ播きし、稲が少し育った段階で間引きと除草をしているのである。こうして、稲は生育後期には湛水下で育てられるのだが、初期は畑作物のように育てられている。

『クリシ・パラーシャラ』でもそうだが、バングラデシュの現行稲作を見ても、その耕土や収穫、調製技術の体系は、オアシス灌漑農業のそれとほとんど同じである。オアシスの灌漑農業がサバンナ、混交林地帯へと拡散し、ついにガンジス中・下流域にまで到っていると考えてもいいのではなかろうか。

デカン台地のミレット農業

半島部のミレット農業はシコクビエ、モロコシ、トウジンビエが中心なのだが、その他にもいろいろの種類のミレットがあり、さらにマメ、ムギ、稲も伴っている。広大なこの半島部の多様な環境の中では地域差もあるのだが、中核をなす技術は比較的はっきりしているのでそれを見てみよう。これを見るのには、応地利明の「インド・デカン高原南部におけるミレット農業の農法的検討」(『京大文学部紀要』二〇号、一九八一年)が大変役に立つ[6]。

応地が定着調査をしたカルナタカ州ではシコクビエが多くつくられている。そのシコクビエもいろいろの方法でつくられるのだが、中心になるのは植溝条播と散播の二つである。どちらの場合も六月初めより一週間ないしは一〇日の間隔で五回の犁耕が行なわれる。

植溝条播の場合だと、その播種作業とそれ以降の作業は次のとおりである。まず犁でもって植溝をつくり、そこに手で播きこんでいく。このとき、シコクビエ五条を播くたびに、次の一条にはフジマメなどのマメを播き入れている。播種するとすぐに牛に曳かせた砕土・覆土具を播き溝に直交してかける。播種後二週間目に四本歯のマグワ様のものを条に直行してかける。播種後三週間目、五週間目にも畜力中耕具をかける。しかし、これは二本歯で、このときは条に平行してかける。シコクビエの収穫は十二月で、これは根刈りする。シコクビエを収穫するとフジマメが急生長する。それでシコクビエの刈り後を中耕して、フジマメの生長を助ける。

散播の場合も基本は植溝条播の場合と同じである。ただ違うのは全面にバラ播くのである。バラ播きの後に覆土して、二メートル間隔で溝をつくり、そこにフジマメなどを播き入れる。この後の中耕・除草は同じように縦・横と三回行なう。

右のいずれの場合も刈り取ったものは脱穀場に運び、一ヵ月ほど乾かしたうえで、二月に脱穀する。脱穀は重さ一トンほどの石製のローラーを牛に曳かせて行なう。

右に見た植溝条播法と散播法の他に面積は広くないが、ドリル（播種器）を用いて土中に埋め込んでいく方法や、苗代をつくって移植する方法もある。しかし、これらは多くはない。また、シコクビエ以外にモロコシなどが播かれることがあるが、そのときには同じ播き穴にツルアズキが混播されたりする。モロコシはトウモロコシと同じように背が高くなるのだが、ツルアズキはそれを支柱にして登っていき、両者は共生するのである。

図8　畑の耕起は，ときに4頭立てで行なわれる

応地はこういうミレット栽培を分析して、これはきわめて高度に発達した農業だといっている。第一に、高度に発達した畜力中耕・除草技術を持っている。第二にマメ類を多用して地力維持を図っている。この二つの点で、他に類例を見ない完璧な農業だというのである。

ここでムギ作農業とミレット作農業の違いを犂を中心に見てみよう。

ムギ作農業は確かに犂を発明した。しかしそれは播種前の圃場整備という点だけにとどまっていて、中耕・除草にまでは使われることはなかった。犂の機能を本当に一〇〇パーセント用いるようにしたのはインドのミレット農業の功績だと応地はいうのである。現在のムギ作地帯での犂利用を見ていると確かにそういうことはいいうる。

だが、また別の見方をすればムギ作地帯では中耕・除草の必要性がそれほどなかったからこうなったのだともいいうる。ムギは冬作物だから雑草はそれほど大きな問題にはならない。だが、夏作物であるミレットの場合は、雑草対策が何よりも大きな問題なのである。こういうことからインドでは中耕・除草技術が大発展したとも考えられるのである。ともあれ、インドの半島部はミレットを軸に、ムギ作地域とは相当違った農業体系を見事につくりあげた。

こういう目で見てみると、先に述べたガンジス中・下流域の稲作も、その系譜にかんしてはもう一度考え直してみる必要がある。先にこれはムギ作技術が東方に伝播していった結果出てきたものだといったが、そんな単純なものでないかも知れない。稲が畑状態で散播され、中耕・除草されているというのは、ムギ作の技術というよりも、むしろ、シコクビエの散播法のそれとまったく同じなのである。さらにつけ加えるなら、一九世紀のガンジス流域だと次のような稲作さえよく見られた。例の中耕・除草のための犂かけを行なった後に、その掘り起こされた部分にミレットやゴマやときにマメ類が播かれることもあった。雨が十分に来なかったら稲はとれなくなるが、後で播いた畑作物がとれる。危険分散のために混植をしているのだが、これはミレット農業では普通のやり方である。

バングラデシュだとこんなこともある。極早生と晩生の稲籾を混ぜていっしょに播くのである。極早生は湛水前に実るから洪水が来るまでに刈りとる。晩生種はこのとき一緒にその葉先が切られるのだが、それでもこれは湛水を享受して急生長し、水が退いたときに実る。それでこれをまた刈る。これは二種類の稲の混播である。これもムギ作圏にはなく、ミレット圏だと同類がありそうである。

完成した農的宇宙

インドへのミレット農業の到来は非常に大きな意味を持っていた。先に述べた三種のミレットはアフリカからやって来たものだったが、いったんこれらが到来するとインド固有のミレットもそれに加わって農業に厚みを加えた。それに、何よりも大きなことはインドでマメ類栽培が大展開したことである。マメはムギ作圏にはあまりない。アフリカでもどちらかというとそれほど多くない。マメが利用されないのはこれが固くてなかなか煮えにくいからである。しかし、インドではこれらの利用法が開発され、多用されることになった。例えば、ダールである。石臼などで砕いたものをポタージュふうに煮たものである。これは日本の味噌汁以上に多用されるもので、インド人は毎日食べる。ときに三食の食事ごとに食べる人もいる。インドは食事でいえばダール文化圏といってよいほどの所である。これに用いられるマメはヒヨコマメ、グラム、それにキマメ等々がある。これらが先に見たように各種ミレットと間作あるいは混作されるのである。インドはマメを取り込むことによって、地力維持の方法を開発し、食事の多様化を果たし、こうして、この大地そのものをきわめて豊かなものに仕上げたのである。

インドではたぶんムギ農業とミレット農業が合体したのである。実はシコクビエもモロコシもトウジンビエもこうしたミレット類は、アフリカ原産の作物なのである。ムギは肥沃な三日月帯の作物である。こうした二系統の農耕文化がインドに到来して、ここにあった稲を拾い上げて一大農業圏をつくりあげたのである。そういう目で世界地図を見てみるとインド亜大陸というのは実に都合のいい所に位置している。これはインダス河谷というムギ作圏の南の舌端に接している。一方、アフリカ東端とは至近の距離にあり、アフリカ東岸に到ったミレット農業は容易にインド西岸に渡りうる。気候的にみてもインドは恵まれている。インドとりわけ半島部は冬作物のムギも、夏作物のミレットもともに生育させうるような気候的条件を持っている。

インドといえば棉のことも述べておかねばならない。棉はインダス文明の遺跡からも出土しているから、その歴史はきわめて古い。たぶんそのころから綿は強力な輸出品であった。樹皮や麻や毛革しかなかった時代に綿布は圧倒的に優秀な素材であったことは確かだし、この棉を生産したのはインドだけだったからである。中国が絹と陶器の輸出で世界を席捲し続けていたと同じように、それと同じころ、いやそれよりも早い時代からインドは綿布輸出で世界を席捲していたのである。このインド綿の圧倒的優位はイギリスが武力でもってインド綿産業を破壊する一八世紀まで二〇〇〇年にもわたって続いた。ミレット農業地帯というのは同時にこういう特産品をつくり出す、いわば工業地でもあったわけである。

次に牛である。ムギ作圏では牛が羊や山羊とともに新石器時代の昔から重要なものであったことは多くの出土品からはっきりしている。そのころから牛は神聖視されていた節がある。この牛がインドの半島部に大昔からいたのかどうか、私は知らないのだが、ドラヴィダたちがインダス谷から南下してきてからは確実に、欠くことのできない重要な要素のひとつであった。当時、半島部のサバンナ林では牛はミレットと複合して、次のような景観が出現したらしい。

女たちがサバンナ林の凹地など土壌水分のある所でミレット栽培を行なう。一方、男たちは牛の群れをつれて疎林で放牧を行なう。この牛は人びとに乳やギー（バター）を与えてくれたし、ときには耕牛にもなった。牛のおかげで、サバンナの生活は大変豊かなものになっていた。こういう牛とともに生き続けているうちに、彼らは、牛こそは本当に神様のようなものだと思うようになった。

私が、インドは熟成した農的宇宙だというのは、こういうことがあるからである。そこには多様な農・牧要素が入りこみ、それらが幾重にも重なりあい、融合してひとつのものになっている。何ともいえない、まろやかなひとつの世界になっている。そういう面をとりあげて農的宇宙といっている。

さらにいえば、こういうものを基盤にしてここには大きな安心の世界がつくられている。牛を神様とするというインドの人たちの心のありようはその一端にすぎない。牛とともに、作物とともに、サバンナとともに彼らはその調和を崩すことなく、心静かに日々を送っている。ヒンドゥ的世界がここにはある。カースト制の外見の不平等や諦めも、解脱も、全てを含んだ大きな世界がここにはある。ここのところを詳しく論ずる余裕のないのが残念だが、インドこそは農業を中心にその社会を最高度に成熟させた人たちが住んでいる所なのである。

(2) 華北――黄土台地に花開いた畑作農業

インドに並んで天水農業を大きく発達させたのは華北である。ここは同時に大中華世界の中核でもある。

中国の北と南

本書では中国を北と南に分けて述べたい。黄河流域を含みそれより北を華北、揚子江流域を含みそれより南を華南として述べていきたい。実際には図9に示したような農業区があり、けっして南北に二分しうるようなものではないのだが、大きな構造を知るために二分したいのである。このようにすると華北は畑作地帯、華南は水稲地帯ということになる。

さて、こうして区分した華北であるが、この農業は四大古代文明の時代にはすでに相当発達した畑作を持っていた。考古資料が多いのは陝西省などである。先に少し触れた彩陶を出す遺跡がいくつかあるのだが、そこからアワやキビやオオムギが検出されている。これに伴って、豚、牛、羊などが多く出ている。家畜飼育を伴った畑作があったのである。時代としてはメソポタミアなどとだいたい同

図9　中国の農業区

John Lossing Back の Land Utilization in China Atlas（中国土地利用地図集），上海商務印書館より転載

じとみておいてよい。ただメソポタミアに比べると大きく違う点がある。無灌漑の畑が多く、その意味ではオアシス灌漑農業区からはもはや外れている。それに集住地といえども都市的ではない。城郭都市があり、そのまわりに高度に発達した灌漑畑が広がっているという景観ではなく、もっと田舎的なのである。典型的なものには数十人から数百人の人が集まって住む環濠集落があり、その

まわりにはアワとキビとオオムギを中心とする天水畑が広がっていた。

中国に都市が現われるのは殷代（前一六〇〇年ころ〜前一〇二七年）になってからである。ひとたび現われだすと巨大なものがいくつも現われた。例えば、鄭州のもので見ると、その城壁は幅四メートル、高さ七メートル、一辺一七〇〇メートルといった規模のものである。このころになると甲骨文字が現われて農業のあり様もかなりよくわかる。

『斉民要術』の農業

六世紀の初め北魏の賈思勰によって書かれた『斉民要術』という農書がある。作物の種類からそのつくり方、牧畜、養魚、食品加工など農業関係の広い範囲にわたって詳しく書かれた書物である。そこから窺い知れることは乾燥農法や中耕・除草法、マメ類の多様性などがあり、全体としてはインドの天水農業に相通ずるものが多い。重要な作物をいくつか拾いあげて、それがどのようにつくられていたかを見てみよう。

●アワ　当時の最重要作物である。秋の間に耕しておいて、冬の間に十分に水分を吸わせた。そして、春先にそこに播種した。理想的にはその前年の春、緑豆を播いておき、それを夏にすき込んでおくことであった。小豆やゴマでもよい。こうして緑肥をすき込んでそこに播種した。

ところで春の播種前の耕起も簡単ではない。土質によって耕起の時期や方法を考えねばならなかった。軽土弱土だと杏の花が咲きはじめたら犁耕した。そしてすぐに板などを曳いて表面を平滑にした。土壌水分の蒸発を防ぐためである。そして、杏の花の散るころ、もう一度同じ作業をし、播種した。

播種するときには溝と畝に仕立て、溝に播いた。播くのは手播きもあるが、播種器を用いることもあった。アワが少し伸び出してきてその葉先が畝と同じくらいの高さになると鉄歯のついた耙を曳き、歯に挟まった草をとり去った。この直後に勞（ブラシ）をかけ、表面を平らにした。この作業は二、三度行なうが、アワ苗が一尺になるともうやめ、この後は鎌を用いて手除草した。

キビも多くつくられたが、これもアワと同じ方法でつくられた。ただアワ、キビを連作することはよくないとされていた。キビは新開地がよいのだが、それができない場合は大豆の後につくった。

●大豆・小豆　ていねいにつくるときにはよく耕し、そこにドリルを用いて播種した。しかし、バラ播きすることもあった。そのときは播種後、浅く犂をかけて覆土し、その上をブラシを曳いて平らにした。手を抜くときには前作のアワなどの株間にそのままバラ播きした。そして本葉が出たころを見はからって鉄歯のついた耙を縦横にかけ、その上にブラシをかけた。こうした大豆や小豆はしばしば青刈りし、緑肥として用いた。

●ムギ　ムギもアワやキビと同じような方法でつくった。よく耕し、犂で溝を切り、そこに播いた。葉が黄ばむと厚まきしすぎているからだということで耙で間引きをし、その上に棘柴（トゲナツメでつくったブラシ）をかけた。春になって土がゆるむころに再び棘柴を曳いて枯葉を落とした。

●コメ　畑作物が圧倒的に多いのだが『要術』は水稲についても述べている。それによると「淮域の稲は歳易《さいえき》直播法」だとしている。黄河と揚子江の中間にある淮河流域では直播きで、しかも歳易、

図10　あます所なく農地に利用されている黄土大地（ヤオトン〈洞窟風の家〉が見える）

すなわち連作は避けるというのである。春になると田に水を入れ、一〇日ほどして陸軸を曳くとある。ローラー様のものを曳いたのである。そしてそこに発芽させた籾をバラ播きし、三日間鳥追いをしている。黄河の近くでは移植も少しあったらしいが、これは例外的であった。

『要術』には「旱稲」というのも記している。旱という字がついているが陸稲ではない。播種するときに畑は旱だという意味であって、その後、稲が生長すると湛水して水稲として育てる。この旱稲は次のようにして育てる。まず前年の秋に耕起し、耙をかけて土をよくほぐし、ブラシをかけて表面を平滑にしておく。二月中ごろから四月中ごろが播種時期だが、このときには溝を切りそこに播く。普通は少し芽を出しかけた籾を播く。播種後に旱天が続くと、牛や羊や人間がその上を踏む。土が湿っていたら踏んではならない。苗の長さが三寸（約七・五センチメートル）になったら間引きをし、ブラシをかけた。雨がくるたびにこれを繰り返した。苗高が一尺になると、もう鎌除草だけとした。

以上が六世紀ころの華北の農業であるが、ここに見られるものは圧倒的に優位な畑作である。稲もまた基本的には畑作技術によってつくられている。しかも、その畑作技術はきわめて高い。中耕・除草、鎮圧、表面処理などの乾燥農法、緑肥を組みこんだ輪作等々がそれである。

こうして『斉民要術』時代に完成していた畑作はその後ずっとほとんど変わることなく現在にいたっている。

解放前の東北の農業

東北すなわち旧満州では冬の寒気が大変厳しいので、春播いて秋取り入れる方法しかとれない。ムギ、アワ、トウモロコシ、コウリャン、大豆が輪作でつくられるのだが、その有様を見てみよう。ここは中国のなかでも新開地であって、耕作は粗放だが雄大に行なわれていた。一キロメートルにもわたってまっすぐに伸びる畑に畜力を多用して作物を播種していったのである。天野元之助『中国農業の地域的展開』(一九七九年、龍溪書舎、二七ページ)が述べる播種の様子を引用してみよう[7]。

「春分(三月二十一日ごろ)を過ぎて陽春四月をまって、前年二〇~三〇センチほど刈り残した高粱・玉蜀黍の根株の斜右前一〇センチの所に右手で握った小把鎬(こぐわ)を打ち込んで、左手で残茎をつかんで引きぬく『刨楂子』が行われる。

また大豆・粟の根株は石頭磙子(長さ一~一・三メートル、径〇・一~〇・一三メートル、それに枠がつく)を馬二頭が曳いて、根株を圧して取り除くのである(一日四垧やれる)。

すなわち高粱の跡地には粟、また玉蜀黍のあとには高粱が植えられるので、刨楂子をしたあとの前年のウネをそのまま利用して、壊耙の両脚を左右のミゾを滑らせ、壟上にまきみぞをつくり、点葫蘆で播種し、拉子で覆土し、拉子の柄をもつ男が脚でウネを踏んで、耕・種（同時一貫）作業を完了する。これを『壊種（壊地）』という。すなわち『扶壊耙的』（壊耙を使う者）が二頭の役畜に壊耙を曳かせ、前年の壟台を六〜九センチの深さに犂を割って進むと、これにつづく『下種子的』（種をまく者）が点葫蘆を叩きながら、種子をその中に落としてゆく。次に壊耙から三メートルもある引き綱に結着された拉子で、播種を覆土し、拉子の柄を支える『圧地的』が、足で踏んで鎮圧して進む（そのあとに『踩溝子的』がついてウネ踏みすると、四人の協力になる）。その一日の功程は、二垧（一・二ヘクタール）という。」

天野の前掲書はいろいろの作物に対する耕起法・播種法を詳しく述べているのだが、ここにはそれらを引用する余裕がない。しかし、この一例だけでも当時の東北の農業の様子の一端はわかっていただけたかと思う。

ところでここでミレットのことについて少し触れておきたい。東北の畑作地ではコウリャンが多いが、これはアフリカ起源のモロコシと同じである。インドのミレット地帯経由でここに導入されたのである。東北でも華北でも多くつくられたアワとキビもまたミレットのひとつであるが、これらは最近の坂本寧男らの研究によって中央アジア周辺が起源地だとわかった。メソポタミアあたりから東進してきたムギ作は灌漑農業から天水農業へ幅を広げ、中央アジア付近でアワとキビを拾って、そのまま東進を続け、中国へ入ってムギ・アワ・キビ農業として展開したのである。それにさらにインドから入ってきたモロコシとマメが加わったと考えてよい。こうして、北方ムギ系の畑作と南方ミレット系の畑作の二つが黄土台地という畑作適地にいたって、ここに高度な畑作を熟成させ、膨大な人口を支えた。それが中国だと考えてよいようである。

朝鮮半島の農業

朝鮮半島の農業は基本的には華北の畑作の延長と考えてよい。ムギやアワやキビはもちろんのこと、稲までが畑作的につくられていたということを書いておこう。朝鮮の稲作が移植水稲になるのは一七世紀ころからである。

朝鮮には一四二九年に書かれた『農事直説』という農書があるが、これを宮嶋博史の解説[8]によって見てみよう。同氏によると、当時の朝鮮には三種類の稲作があった。水耕法と乾耕法と苗種法である。このうち最も多く用いられたのは水耕法であった。

水耕法とは次のような方法である。秋耕を行なって冬の間に糞を施す。二月上旬に再び犁耕し、木斫（マグワ）を縦横にかけ、その上を鉄歯擺（三つ叉グワ）でならす。そこに芽が二分ぐらい出た稲籾をバラ播きし、板撈または耙撈（一種のエブリ）で覆土し、灌水して鳥追いをする。これは『斉民要術』の水稲栽培ときわめてよく似ている。

乾耕法だと次のようだという。犁耕した後、櫑木（木槌）で土の塊を砕き、木斫を縦横にかけ、そこに籾を播く。播種は足種法でする。足種法とは足で踏みつけて溝をつけ、そこに播種してすぐ足で覆土する方法である。播種後は畑状態で育てる。雑草が生えたらクワで除草する。この乾耕法は中耕・除草をクワで行ない、畜力を用いることの少ない点は華北のものと少し違うが、その他の点では『要術』の旱稲によく似ている。乾耕法で育てた稲もやがてちゃんと水稲として育つのである。

　最後の苗種法はいわゆる移植水稲である。これもあったのだが、『農事直説』はこれを奨めていない。危険な方法だからやらないほうがよいといっている。畑作系の直播法が圧倒的に多かったのである。

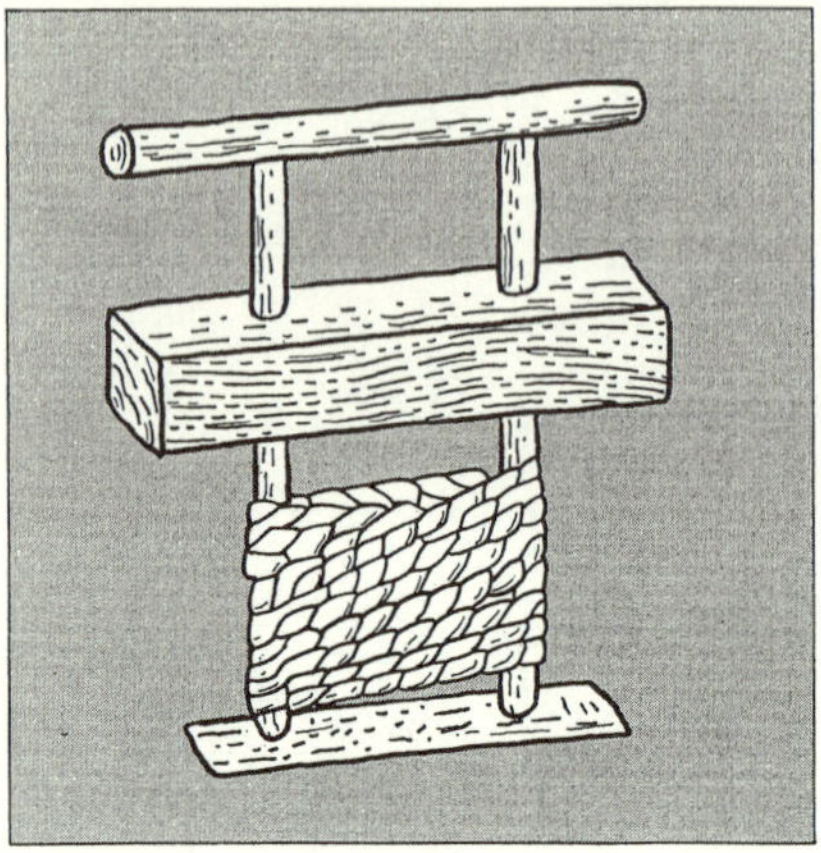

図11　メポンジ
宮嶋（1987年）より転載

　一七世紀になると大きく様子が変わった。一六一九年に書かれた『農家月令』をもとに宮嶋は次のようにいっている(9)。一七世紀になると多くの溜池がつくられ、水利が安定したから、苗種法が伸びた。しかし、それと同時に乾耕法の技術もまた大きく進展した。宮嶋はその証拠のひとつとして柴扉の出現をあげている。これは現存するメポンジと同じもので、図11に示したようなものである。同氏によると下の板で土を圧密し、土中の水分を毛細管現象によって上昇させ、種籾の発芽を助ける、と同時に種籾より上の土は粗にしておき、水分の蒸散を防いでいる、というのである。いわゆる乾燥農法の技術のひとつである。

こういう事例を見てみると、朝鮮半島には、稲作にいたるまで色こく畑作の技術が流れこんでいるのがよくわかる。

3 天水農業の地域展開

オアシスの鎖をつたって伝播した農業は各地で天水農業を展開することになった。その天水農業地帯のなかでとりわけ中核的な地域となったものはインド亜大陸と華北を中心とした二つの地域であった。これについてはすでに見たとおりである。

一方、ユーラシア大陸全体を見渡してみると、そこには天水農業が本当にいろいろの地方的変容を伴って展開しているのが見られる。それらは二つの核心域ほどには巨大でもなければ長い歴史も持たないが、それでもちゃんとした天水農業として確立している。ここではそれらを見てみたい。きわめて多様な地方展開があるのだが、とりあえずは混牧農業、水稲農業、焼畑農業と三つの類型に分けて見てみたい。こういう類型を立てると、それらはそれぞれに、ヨーロッパ、中国南部、東南アジアで典型的に見られることになる。

(1) ヨーロッパの混牧農業――産業革命につながるもの

ヨーロッパ鳥瞰

ヨーロッパといっても広くて、その景観はけっして一様ではない。例えばスペインから北上してスカンディナビア半島に到ったとする。するとその景色は目まぐるしく変わる。スペインには乾ききった大地が広がっていて、まるで砂漠である。だがピレネー山脈を越えてフランスに入ると一気にコムギ畑が広がる。仮にここからドーバー海峡を渡ってイギリスに入ると、また景観が相当大きく変わる。畑があるが牧場がいたる所に広がり、牛や羊が多い。イギリスは牧場の国に見える。だが、このイギリスもスコットランドに入り、その北部に行くと、山がちになり針葉樹の森が多くなる。もうこれはスカンディナビアに通ずる森の景観である。こうして、スペインからスカンディナビアまで動いてみると、ここにははっきりと、乾燥台地のスペイン、畑のフランス、牧場のイギリス、森のノルウェーというのが見られる。

このヨーロッパの地方差を知るのに便利な図がある。A・ヘルメスのつくったヨーロッパの農作地帯図(図12)である。ヴェルナー・レーゼナー(藤田幸一郎訳)『農民のヨーロッパ』(一九九五年、平凡社)に引用されたもの[10]をここに再引用している。この図には八種類の農作地帯が示されているが、それを凡例の順番に従って簡単に説明しておこう。

●主に森林　これはスカンディナビア半島北部からフィンランドにかけて広がっている。松のよう

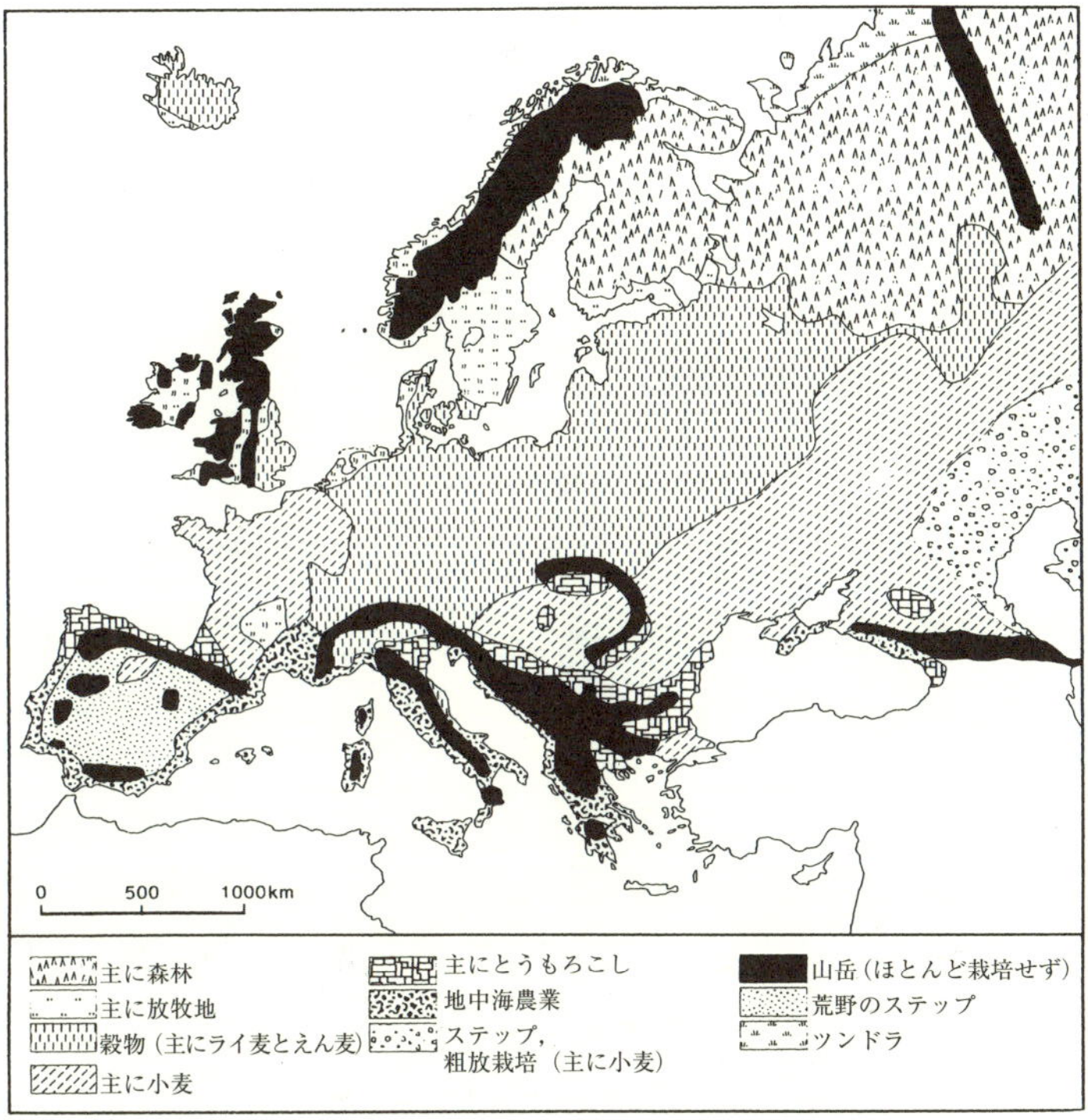

図12　ヨーロッパの農作地帯（作図 A. Hermes）
ヴェルナー・レーゼナー（1995年）p.187より転載

な針葉樹林が広く、農業は少ない。オオムギ、コムギ、ジャガイモが少しつくられ、羊が少し飼われる。

●主に放牧地　これはスウェーデン南部からデンマーク、オランダにかけて広がり、イギリスの西からアイルランドにもある。冷害で農業が安定してできないから多くの所を放牧地にしている。例えばアイルランドなど、夏でも肌寒い日が続き、ときに空を真っ暗にして強い雨が降る。こんな状態ではコムギなどはつくれない。ジャガイモが入ってやっと農業生産が安定したといわれる所である。

●穀物、主にライムギとエンバク　東欧からロシアにかけて広く広がっている。イギリスの東南部にもある。東欧からロシア方面は農業的には後発地である。一六世紀ころまで広く森林が広がっていた所に、大領主たちが農奴を入れて開いた所である。粗放な技術でも得られるライムギとエンバクがつくられている。イギリスでは飼料用のライムギやエンバクが多くつくられている。

●主にコムギ　これはフランスを中心に広がっている。ここの様子についてすぐ後にもう少し詳しく述べたい。

●主にトウモロコシ　ブルガリア、ルーマニア、ハンガリーと、それにピレネー山脈の北斜面にある。ここはヨーロッパでは珍しく夏雨が多く、ミレット農業地帯の北の飛地ともいってよい所である。今ではトウモロコシが多いのだが、かつてアワやモロコシなどがつくられていた。

●地中海農業　ここでは、石灰岩が浅く露出してい、その上に赤土が薄く乗っているような所が多い。加えて、夏は降雨が少ないので水不足になり、穀物栽培には向かない。だから根を深く張るブドウやオリーブが多くつくられる。冬の厳しくない所ではミカンも多い。ごく少しつくられる穀物にはムギ類があるが、かつてはモロコシもかなりつくられた。穀作を補うかたちで、昔は羊飼いがかなり行なわれた。

●山岳、ほとんど栽培せず　同じ山岳といってもスカンディナビアやイギリスのものと南欧のものはだいぶ違う。スカンディナビアでは広大に広がる針葉樹林の間で放牧がときに見られる。もっと北へ行って北スカンディナビアまで行くと、サメ（昔ラップといっていた）がトナカイ遊牧をしている。イギリスのものはスカンディナビア南部のものに似ている。南欧の山岳は明るく開けて、いわゆるアルプスの牧場が広がっている。

●荒野のステップ　スペインに広がっている。全体に台地でところどころに山があるのだが、山には貧弱な松が生え、台地は礫の多い荒野である。ただ、ところどころにオリーブが植えられ、その下に、それと混植したかたちで貧しいムギ畑が広がっている。荒地は牛や山羊の放牧地としても使われている。

フランスの混牧農業

右の分類に従うと「主にコムギ」とした所である。

フランスはヨーロッパにおける農業の中心である。フランス人自身が、自分たちは伝統農業を守り続けている人間であり、ヨーロッパの良き伝統はみなフランスに残っているのだと誇らしげにいう。アメリカやイギリスなどが遺伝子組み替えによる作物や家畜を普及させようとしているとき、フランスだけはそんなことはよくないと頑強にいっている。そのフランスを取りあげてヨーロッパの伝統的農業の一端を見てみよう。

パリ盆地で普通の農家が行なう経営はコムギつくりを中心としながら、輪作で飼料や野菜などをつくる。数は多くないが牛や豚、鶏も飼う。パリ盆地を空から見ると、うねうねと続く低い丘陵のほぼ全面が耕されている。林は丘の頂のみにこぢんまりと残されている。

さて、農民は普通冬作のコムギ、夏作のオオムギかエンバクをつくる。それともうひとつ、夏作の根菜である。それを三ヵ所の畑で順次つくっていき、毎年、その全てがとれるようにする。例えば、ひとつの畑を見るとコムギを十一月に播き、翌年の八月にそれを刈る。その次の年はオオムギかエンバクを三月に播き七月に刈る。さらに翌年にはビートやジャガイモを四月に植え十月に収穫する。この種のことを繰り返していくのである。

コムギは人間の食糧だが、オオムギもエンバクもビートもジャガイモもその主たる用途は飼料である。農家は自分の持っている牛や豚や鶏をそれで養うのだが、大部分は売る。専門の畜産農家があって、これらの飼料を買うからである。牛はほとんどが畜舎飼いである。ただときに刈跡放牧などもする。しかし、高度に輪作が行なわれている所では放牧はかえって手間も経費もかかるので、あまりやらない。

オランダの混牧農業

先の農作地帯図のなかで「主に放牧地」とした所があったが、その様子をオランダで見てみよう。ヨーロッパの牧畜は二つの現われ方で歴史に登場してきた。ひとつは羊毛生産であり、今ひとつは肉・乳生産である。羊毛生産は産業革命を導いたもので、かつてイギリスできわめて重要な意味を持った。このことは後に第三章でも述べたい。肉・乳生産のほうは、近郊農業の代表である。その近郊農業を多くやる国としてオランダがある。

オランダは国の中央に大きな内湖を持っていて、そのまわりが広大な低湿地になっている。一部の所はポールダー・ランドと呼ばれて海面より低い。ここで見てみようとするのはこの低湿地の土地利用である。A・N・ダックハムとG・B・メースフィールドの『世界の農業体系』(一九六〇年)に述べられたアムステルダム近くの様子は次のとおりである[11]。

夏の天候は大変悪い。日照時間が一日に三、四時間しかないので、穀物が実りにくい。それで多くの所が草地として残され、牧場として使われている。この地区の農家の平均所有面積は一四ヘクタールである。農家はごく一部の所で耕作するが、主力は家畜飼いである。作物もジャガイモやビートなどほとんどが飼料である。一戸当たり平均の家畜数は乳牛が二六頭、豚三〇頭、それに数頭の羊である。最も重要なものは乳牛飼育であるが、それは次のように行なわれる。

牛は猛烈な北風が吹く冬の三、四ヵ月以外は放牧である。一ヘクタールに一・五頭から二頭ぐらいの割で放牧する。牧地には柵をしておいて五日から八日ぐらいの間隔で放牧地を代えていく。牧地の草はほとんどが禾本科である。ニュージーランドなどのようにクローバーを植えたりはしない。低湿地はクローバーには適さないからである。そのかわり窒素肥料を投入する。冬場になると舎飼いになるが、このときには乾草やサイロに用意しておいた飼料を食わせる。

豚を飼い、ハムやベーコン用に輸出する家がある。ときには多数の鶏を卵用に飼う農家もある。だが、大部分の農家は乳牛を中心にしている。アムステルダムなどのように大都会に近い所では生乳として出荷する。遠くて、輸送に時間のかかる所では粉乳に加工したりして輸出している。

移牧

山岳や荒野のものは移動を基礎においたいわゆる移牧である。これで有名なのはスイスである。スイスではアルプスの高度差を利用して移牧がきわめて組織的に行なわれている。

スイスでよく見られる景観は次のようなものである。谷沿いか谷から少し登った陽当たりのよい所に本村がつくられている。本村のまわりには畑と牧場が広がっている。そして、その上方は針葉樹の森になっている。その森の斜面をどんどん登っていくとやがて森林限界にくる。

冬の間、家畜は本村の近くにおかれる。しかし、五月になって寒さが緩み始めると、森林地帯を登って夏村に移動させられる。夏村がおかれるのは森のなかでも高い所で、普通は森と草地の混じったような所である。ここはマイエンゼッセと呼ばれる。五月（マイエン）に家畜をおく草地（ゼッセ）ということである。本格的な夏になるとそこからさらに登って、木のないアルパイン・メドーへ追い上げられる。アルパイン・メドーの上方にはいつまでも雪が残っている。氷河の舌端が伸びてきているることもある。ここには村といえるようなものはないが、ときに小屋があり、搾乳や、チーズやバターつくりが行なわれる。

この移牧はスイス・アルプスだけではなく、ピレネーの山やイタリアの山々、バルカンの山々でも行なわれる。先にも述べたように地中海農業地帯や荒野のステップは栽培農業には必ずしも適した場でない。だから、山地に家畜をつれていってこの種の農牧的活動を行なったのである。

三圃制から近代農業へ

ヨーロッパの農業は二圃制から三圃制に変わり、さらにいわゆる近代農法に発展して、現在にいたったといわれている。それはどういうことなのかを簡単に見てみよう。

最初の農業は焼畑のような粗放なものであった。森を伐って焼き、そこにムギ類などを播いた。二、三年すると地力が衰えるからそこは放棄し、また別の森を伐るという方法であった。一圃制である。

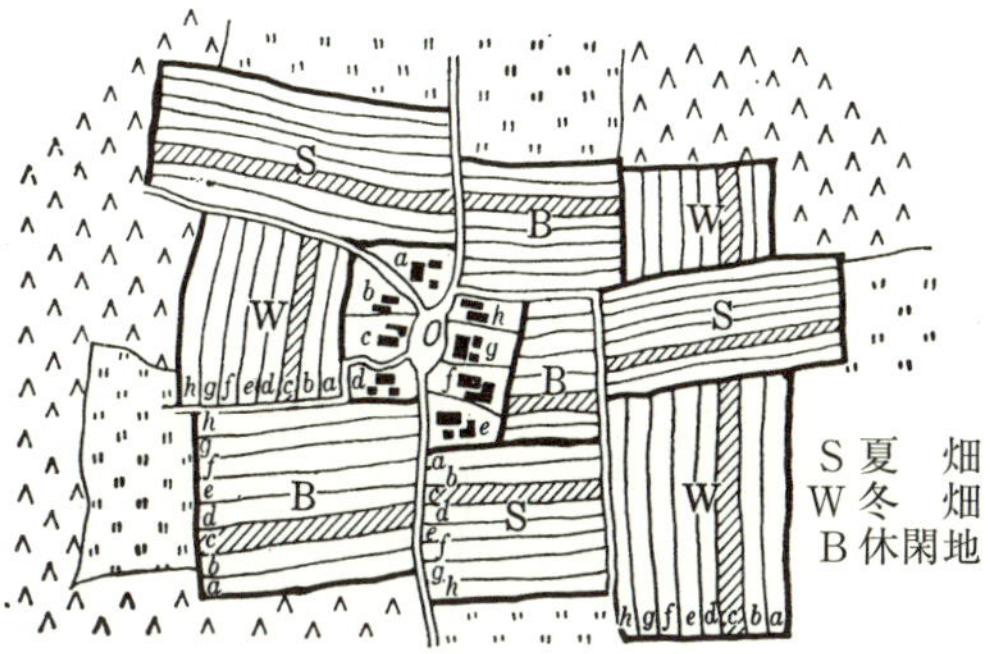

図13　三圃制の概念図

増田四郎，1967年『ヨーロッパとは何か』岩波新書，p. 143より転載

しかし、一三、四世紀になると新しい農法が広がりだした。いわゆる三圃式農法である。村をつくり、村で規制して土地を使いだしたのである。図13によってその有様を説明してみよう。ここではaからhまでの八戸が村をつくっている。そして、そのまわりで三年二作を規則正しく行なっている。ここでは第一年目に冬作物をつくる。これはコムギかライムギで、秋に播き、冬を越して翌年の初夏に刈る。第二年目には夏作物をつくる。これはオオムギかエンバクで、春に播き、夏に刈る。三年目は、休閑にする。三種類の耕地をつくっておいてこれを順ぐりに繰り返していくのである。

この三圃式農法で面白い点は、耕地が村共同体の管理になっていることである。しばしば耕地の割り替えが行なわれた。だから耕地の境に石垣を組んだり、生垣をつくったりして私物のように使うことは許されなかった。休閑地になっている所は村の共同牧場として利用された。ちなみにいうと、こうした共同の耕地とは別に屋敷畑もあった。屋敷畑は完全な個人持ちであった。だから、そこは各自が囲いをし、その中で野菜をつくったりした。

村共同体規制が強い三圃制は、いわゆる中世的なものであった。しかし、やがて農業革命が起こり、これは個人の自由が尊ばれる近代的なものに変わっていった。農業革命については第三章で少し詳しく論じているが、ここでもごく簡単にいうとこういうことであった。一六世紀ころになると町が大きくなり、肉や乳の需要が増えた。すると、休閑地にクローバーやテンサイなどを植える村が出てきた。例えば、冬ムギ・夏ムギ・クローバーといった三年三作などが出てきた。なかには、自分は休閑地にはクローバーよりもテンサイを植えたいと主張する人が現われるようになったりした。こうなると休閑地はもう入会地などにはしておけない。個人に分けて個人の自由に委ねようなどということになった。こうして耕地の私有が始まった。そしていったん始まるとそれは一気に広がっていった。割り替えをする共同耕地は軒並み個人持ちの耕地になっていった。

ここから、いろいろの変化が堰を切ったように起こった。多くの人たちは土地利用を少しでも高めようとして、いろいろの工夫をした。例えば、多様な輪作体系が現われた。九年九作というような輪作も現われた。休閑地がなくなると舎飼いが始まった。舎飼いになると、より優秀な飼料作物が求め

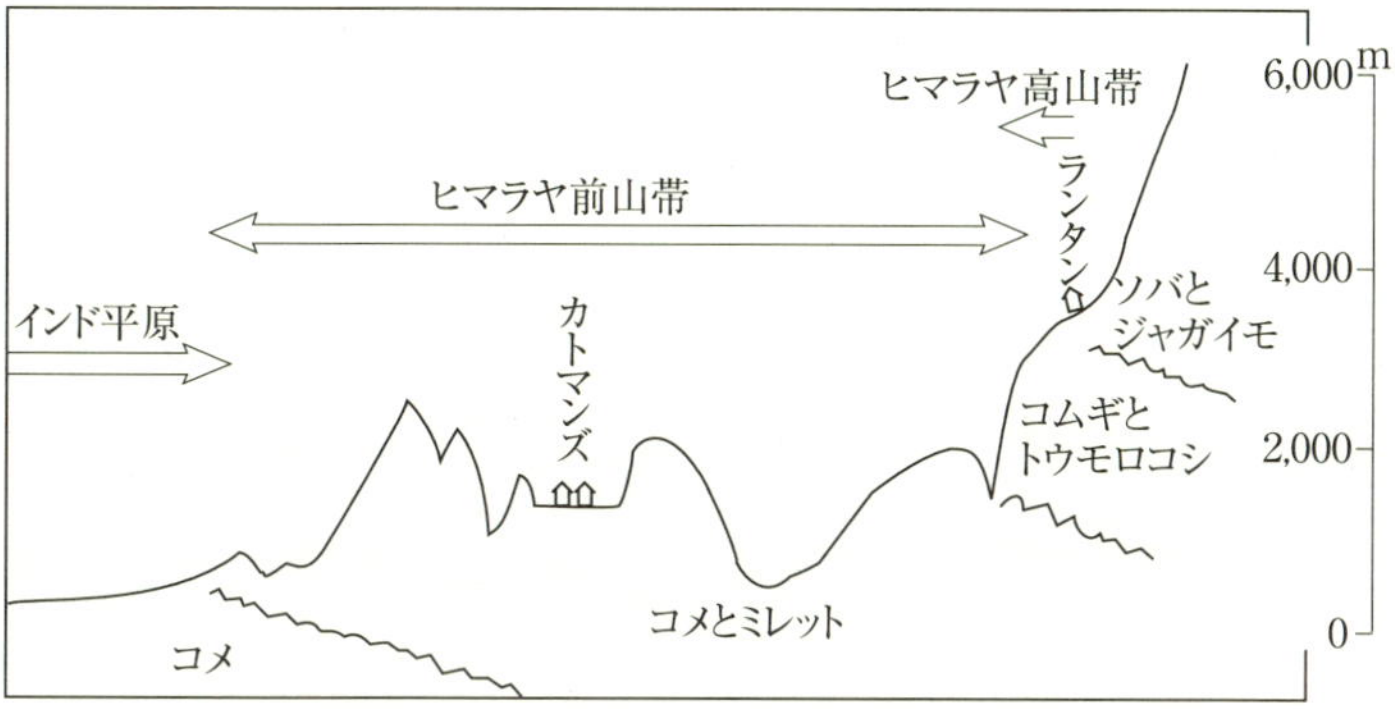

図14　ヒマラヤ前山周辺の南北断面

られた。作業量が増えてきたので機械が求められるようになった。その結果、カルティベーターやドリルが出てきた。こうした一連の農業の高度化はベルギーに始まり、そこから、ヨーロッパ中に広がった。先に述べたフランスやオランダの混牧農業は、このような歴史を経て現われ出たのである。

その他の地域の混牧農業

混牧農業はなにもヨーロッパだけで発展したのではない。ユーラシア大陸にはそれぞれの地域の環境に応じて少しずつその内容を異にした混牧農業がいたる所で展開した。移牧もけっしてヨーロッパだけのものではない。これもまた山のある所だとどこでも行なわれた。ヒマラヤあたりではもっと雄大な規模で行なわれた。多くの例をあげるとよいのだが紙面の都合でそれができないので、もう一例だけ、ヒマラヤの場合を見ておこう。

図14はインドの大平原からヒマラヤにかけての南北断面である。左端の平坦部はガンジス河谷で、ここは稲地帯である。図からはみ出すが、もっと左へ行くとデカン台地で、そこは

ミレット地帯になる。図の中央にはヒマラヤの前山地帯といわれる所が示してある。ここには二〇〇〇～三〇〇〇メートルの山々にとり囲まれたカトマンズ盆地がある。盆地周辺にはトウモロコシとシコクビエが多く、谷筋では稲がつくられている。斜面には疎林や草地が広いから牧畜も盛んである。牛、羊、山羊が多い。右端にはヒマラヤ高山帯が示されているが、ここでも牧畜は盛んで、ここではヤクやゾム（雌ヤクと雄牛の雑種）の移牧が行なわれている。このヒマラヤ高山帯のランタンという村で私が一九七〇年代に見た様子を少し述べてみよう。

ここはランタン・シェルパと呼ばれるチベット系の人たちの住む所である。彼らは三ヵ所に生活の拠点を持っている。本村は標高三四〇〇メートルの所にあり、これ自体がすでに森林限界より上である。第二はヌブマタンの夏村である。これは四三〇〇メートルにある。それに二つの村の間につくられたキャンジンゴンパの国営チーズ工場（三七〇〇メートル）が今ひとつの拠点である。本村では耕作を行なっている。しかし、森林帯より下のものとはまったく違う。もうシコクビエやトウモロコシはまったくつくられない。ジャガイモ（四月植―十月穫）、カブラ（五月―九月）、オオムギ（二月―六月）、コムギ（五月―八月）、ソバ（三月―八月）がつくられる。こうして、畑作も行なわれるが中心はむしろヤクやゾムや牛の移牧である。多い家は一戸で四〇頭以上持っている。山羊はいない。羊はいるが少数である。たぶんこれはチーズ工場ができた影響だろう。さて、これらの大型獣の移牧だが、その様子は次のとおりである。

ヤクは五月から十月までの間夏村とチーズ工場の周辺で搾乳され、十一月には本村に下ろされる。そこではムギやソバ畑の刈跡に放牧される。そして、十二月になるとまた夏村付近に追い上げられる。ヤクは大変強い動物なので、冬の四〇〇〇メートルでも生きていける。ただ乳は出さなくなる。一方、ゾムと牛は十一月から三月までは本村におかれ、四月になると上の放牧に出される。

こうして混牧農業は森林限界を越えた所でも行なわれている。そこに本村をつくって畑作を行ない、もっと高い高みに家畜を持っていって放牧している。

混牧農業の風景

私はいろいろの所に旅をしたが、いくつかの所で、ああこれが混牧農業というものかと思わず感じさせられた風景を見ているので、最後にそれを紹介しておきたい。先の断面のインドの平原とした部分でのことだが、そのミレット地帯で、私はシコクビエの畑の除草をする女を見た。雑草を取ると同時にシコクビエそのものも間引いて、それを大きな籠に入れている。聞いてみると家畜の餌にするために持って帰るのだという。日本などでは抜き去った草を持って帰ったりはしない。

同じ場所を秋訪れたときには、何百頭もの羊と山羊が入っていた。刈跡放牧である。話をしてみると彼らは羊飼いのカーストで、他人の農地を大々的に刈跡放牧をしてまわるのだといっていた。何ヵ月も羊をつれてまわり、その移動距離はゆうに一〇〇キロメートルを超す。自由に歩き回っているように見えるが、そうではなくコースが決まってい、畑の持ち主との間にはちゃんとした話がついているのだといっていた。ただで他人の畑に羊を入れるのだが、糞を落としていくから、それで両者とも納得しているといっていた。

トルコに行ったときはもっと驚いた。ここはムギ作地帯だからと思ってムギ畑を探したのだが、それがない。丘の斜面に広がっている草地はただの草地なのかムギ畑なのかどうにもわからないのである。確かにムギらしいものも混じってはいる。しかし、どう見てもムギ畑には見えない。ついに一人の農夫を見つけて聞いてみた。

「このあたりにコムギ畑があると聞いたのですが……」

「これがそれだ。」

「でも、雑草がいっぱいですね。これじゃコムギがとれるかどうかわからないじゃないですか。」

「わからない。」

「それじゃコムギ畑とはいえないじゃないですか。収穫はされるのですか。収穫は何月になるのですか。」

今は雑草に覆われているが、そのうち除草がされ、夏には黄金の穂が波打ってそれが収穫されるのだと私は思い込んでいるから、いろいろの質問を繰り返した。しかし、結果は私の予想とはまったく違うものだった。その農夫のいったことはこういうことだった。

雑草にも負けずコムギが順調に育つようだったら、夏まで待ってコムギをとる。しかし、手持ちの飼料が底をついたらそれまでに青刈りをし、飼料にする。畑は実るまでコムギ畑だとか牧草地だとかは断定できないのである。いつも手持ちの飼料との絡みでその目的は変えられる。実に弾力的なのである。

そういえばイランで見た別の刈取り風景はこれとよく符合していた。コムギを刈り取っているのだが、それはコムギの刈取りというより牧草の刈取りだった。いろいろの種類の雑草がいっぱい混じっていた。しかも雑草がコムギを圧して断然多いのである。そのなかでも鮮やかに咲き誇るアザミが印象的だった。その近くには円型の脱穀場がつくられていて、すでに刈り取ったものはその脱穀場に運ばれていた。だから、コムギの穀粒をとることは間違いない。だが、それと同時に踏み砕かれた茎や雑草を飼料として得ることも目的だったはずである。

トルコの農民がいったことは私には大変新鮮でまた印象的だった。「動物も何かを食べねばならないから」。当たり前のことなのだが、日ごろ動物といっしょに住んでいない私などにはこの混牧農業の常識がどうしてもうまく理解できないのである。

(2) 中国南部の水稲農業――山間型と沿岸型

中国は北と南に二分することができる。北はどちらかというと冷涼で乾燥している。南は高温湿潤で、水稲耕作が卓越する。ここではこの中国南部の水稲耕作を中心に見てみたい。

インドでは稲作地帯は畑の地区と一括してインド農業として述べた。一方、中国ではこれを中国南部の稲作地帯として独立させている。なぜなのか。理由は、湿田で行なう移植稲作は畑系統の直播き稲作とはまったく違うものだからである。ここのところは少し詳しく述べないといけない。湿田稲作は例えば、畜産の欠如というような基本的な性格を持っている。そして、それにひきずられて、技術だけではなく思考法や社会の仕組みまで特別なものになっている。だから、私は中国南部の湿田稲作地帯は、華北とは別のものとして独立させたのである。

湿田と田植え

なぜ高温湿潤地帯だとこんなことになるのか。それは簡単にいってしまうと、高温湿潤下では雑草が旺盛に生長しすぎて、とうてい直播きによる穀物栽培ができないからである。播いた穀物は簡単に雑草にやられてしまう。どんなに徹底的に除草し、耕起したと思っている所でも、稲籾の発芽と同時に各種の雑草が生え出してきて、アッという間に稲苗を覆い隠してしまう。乾燥地の雑草は比較的生長力が弱く、対処しやすいのだが、高温湿潤帯の雑草はそんなものではない。きわめて強壮で、ひ弱な稲を一気にやっつけてしまう。

こんな所での唯一の対応策は田植えである。別途、稲苗を育てておき、それが例えば一尺ぐらいにでも伸びたところで耕起しておいた田に移し植える。これなら一尺の貯金があるわけだから、稲は何とか雑草に対抗できる。これが移植の意味である。それに、こうして株立ちさせておくと、後から追いついてきた雑草を取り除くのにも便利である。植えた稲株は雑草とははっきり区別できるから草取りがしやすいのである。

一方では、移植するとどうしても田は水田であることが必要になってくる。植えるときにはそこは湛水していなければならない。そうでないと活着しない。インドの田のように生育初期は畑状態だがそのうち雨が多く降るようになると水が貯まり、水田らしくなるというのでは困るのである。こうして、いったん移植だということになると、今度は湿田的な田でなければならないということになるのである。

畜産の欠如

次に移植地帯は畜産を欠くことになるのだが、このことについて考えてみよう。中国南部にも確かに耕起のための牛はいる。だが羊だの山羊だのというものはいないし、牛が肉や乳のために飼われているということはない。ユーラシア大陸に広く広がる畑作地帯が家畜を多く持っていて、それを農業と組み合わせているのに比べると、中国南部の稲作地帯には家畜はほとんどいないといってもよい。なぜこうなっているのかというと、高温多湿なことが牛や羊や山羊の生育に適していないのである。本来がこうした動物は大陸の乾燥気候のものであり、だからまったく環境の違う中国南部などにやってくると病気になってしまうのである。念のために付け加えておくと、高温多湿なアジアのこの地域に家畜はまったくいないのかというと、そうではない。豚と水牛はいるのだが、これらはいわゆる群をつくる牧畜系の動物ではない。

中国南部はもともと鎌を欠如し、穂摘みをしていた地域なのだが、この点についても考えてみよう。

家畜がいないのだから飼料はいらない。だから鎌刈りではなく、穂摘みになるのである。飼料に藁がほしい場合はごく自然の成りゆきとして鎌による根刈りになる。穀粒だけでなく植物体全体を利用しようということになるからである。その結果出てくるのが鎌による根刈り、牛蹄脱穀などの方法である。だが、藁が必要でなく、穀粒だけが必要なときは穂だけ摘みとったほうがよほど楽である。重い茎を持ち運んだりしなくてよいからである。こうして、石包丁などという穂摘具が出てくる。日本でも中国南部でも昔は石包丁で収穫していた。

バラ播きは移植より原始的なものである、だから稲作の始まったころにはどこでもバラ播きが行なわれていて、技術が進歩してくると移植に変わるのだ、という考え方がある。だが、この考えは正しくない。高温多湿な所では最初から稲作は移植で行なわれていた。そしてそこでは家畜を欠き、収穫は穂だけが摘まれていた。そういった稲作が乾燥地の畑型の稲作とはまったく別のものとして存在していた。と、いうのが私の考え方である。中国南部を別項目とするのは、こんなところに理由がある。

栽培技術だけでなく、広く文化や社会一般も違っていたということについては詳しく論ずる紙面の余裕がない。だが、そういうことがありえただろうことは容易に想像できるのではなかろうか。乾燥地の直播地帯だとまわりの台地や丘はほとんど木のない開けた空間である。そこには馬が駈け、牛や羊が草を食んでいる。だが湿潤地帯だとそうした所は鬱蒼とした森で覆われていて、わずかに谷筋のみが開けていてそこで稲作が行なわれている。広い明るい空間と閉じた暗い空間の違いでもあるのである。この差は間違いなく文化や社会の違いにもつながっていく。

多様な水稲区

中国南部の水稲区はこうして共通したひとつの特徴を持つのだが、それでもそこには地区差もある。中国南部の実体を知るために前に示した図9（前掲五一ページ）に従って、そこに現われた五つの地区を簡単に見てみよう。

●揚子水稲小麦区　夏の間に稲をつくり、冬にはコムギをつくるという二毛作が普通である。ただ、コムギばかりをつくっていると地力の消耗が激しいので、二、三年コムギをつくった後にはソラマメを入れたりレンゲを入れたりする。この区の中核部すなわち揚子江下流部が大水田地帯として開かれるのは一〇世紀ころからである。

●四川水稲区　ここでは秦代に有名な都江堰がつくられた。漢代になると周辺の丘陵地帯にも水田が拓かれていった。このことは、漢代の墓から出てくる陶製の水田模型から窺い知れる。宋代に入るとこの地区の稲作はもう大変よく発達していた。例えば、薅鼓を叩き、人びとを鼓舞して除草をするようなことも起こっていたし、緑肥用に冬場にはマメを多くつくっていた。[12] 四川は山国でもあり、そこには棚田が広がっていた。また、山腹にはチベット族や苗族などの少数民族の行なう独特の山地農業も存在していた。

●水稲茶区　ここは揚子水稲小麦区と比べてみると山が多いということと、年平均気温が高くなり亜熱帯区になるということが大きな特徴である。山がちでしかもそこに霧がよくかかるから、ここは茶生産に適している。福建省では武夷山の岩茶、安渓の鉄観音、湖南省では臨湘の緑茶、黒茶、紅茶などが有名である。

●水稲両穫区　水稲二期作ということである。水稲二期作区などというと稲ばかりがつくられているという印象を受けるかも知れないが、そうではない。ここは熱帯に属していて、多様な生産活動に忙しくして、コメ生産はむしろややおろそかになっている。砂糖キビ、桑に主力を注ぎ、それにレイシ、リュウガン、バナナなどの果樹の生産も多い。海産物採集も盛んである。サンゴ、タイマイ、ナマコ、ツバメの巣などが集められている。要するにここはもう中国的というよりも東南アジア的なのである。開発も明代まではほとんど行なわれなかった。ここの熱帯多雨林の病原菌の多さが強く恐れられていたからである。

●西南水稲区　四川水稲区よりもさらに山の多い所である。山はつい最近までは広く常緑林で覆われ、そのなかで焼畑が行なわれていた。これらの焼畑を行なったのは少数民族である。ただ昆明など一部の盆地や谷筋では水田開発も秦漢代から行なわれていた。そして、八世紀になると、大理の周辺などでは稠密な土地利用が行なわれていた。水稲作を盛んにし、麻、マメ、アワ、キビなどをもつくる、と『蛮書』に記してある[13]。雲南の谷筋に多くの漢族が侵入してくるのは明代になってからである。今では谷筋にはいたる所に水田が広がっている。

水稲の山間展開

水稲はこうしてそれぞれの地方にその生態に応じた展開をして、いわゆる農業区をつくっているわけだが、整理してみるとその展開は二つの方向に向かったと考えてよい。山間展開と沿岸展開とでもいえそうなものである。それについて見てみよう。

結論的にいうと山間では棚田と井堰《いせき》灌漑を発展させた。棚田はかなり昔からあったのだろうが、漢代になるともうすっかり一般的なものになっていた。すでに述べたように、貴人の墓にはしばしば陶器でつくった水田の模型が納められている。貴人が棚田を持っていて、それを大事にしていたのであろう。図15はそのひとつである。畦には水口が切ってあり、田には魚や亀やタニシがいる。

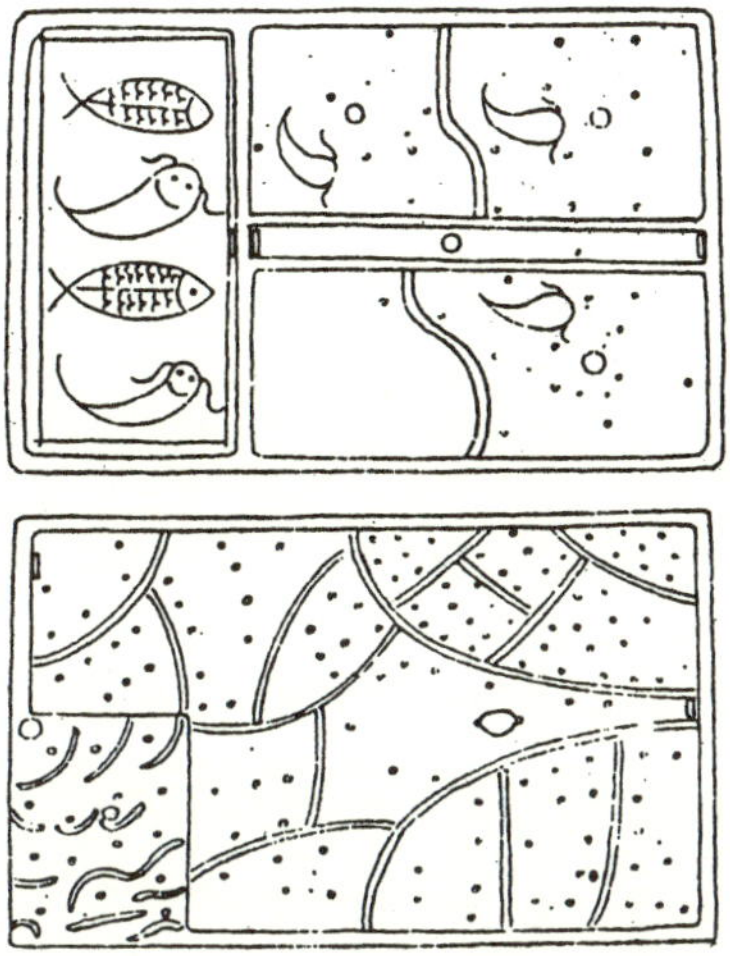

図15　漢代四川省の陶製水田模型
岡崎敬，1958年「漢代明器泥象にあらわれた水田・水池について」『考古学雑誌』44巻2号より転載

もうひとつは灞《は》である。灞とは井堰のことである。山間の中小流に井堰を架け、そこで取水して水路に水を導いて、その水で稲を育てるのである。雲南あたりでは灞といわれているが、南のタイなどへ行くとファイといわれている。同じものである。どうやら稲作は山がちの地帯に入ると究極的にはこの灞灌漑を行なうものになるらしい。

山間部に入ると井堰灌漑が多くなるとい

うのは技術的にみても納得がいく。数十人ないしは数百人の力でもって堰をつくり灌漑に利用できるような川が多いからである。こういう灌漑は川のほとんどない平原などでは不可能である。平原だと池に雨水を貯めておくような方法がとられる。また、海岸の低湿部でもこれはあまり用いられない。そこではむしろ、あり余る水の排水が必要になってくるからである。

こうして灞灌漑は山がちの所でのみ意味を持ってくるのだが、これがまた特別の社会をつくることに結びついていく。この灞は一人ではできない。例えば幅四〇メートルの谷川があったとしよう。そこに杭を打ち込み、土俵に積んで、水を一・五メートル堰上げし、そこから五〇〇メートル離れた田に水路で運んでくるというようなことを考えてみよう。堰づくりと水路掘削が主な工事だが、これは一人や二人の力ではできない。いきおい何十人、何百人の人たちの協力が必要になってくる。

アジアのこのあたりの山間にとって灌漑はきわめて重要である。例年でも植付け水が不足するのだが、寡雨年になると植付けがまったくできなくなる事態さえ起こる。こんなことになるとそれこそ大変である。灌漑施設は文字どおり地域の生命線なのである。こんなことだから地域住民の灌漑施設の維持、管理に対する関心は非常に高い。例えば、井堰の建設や修理、水路掃除などの日時が決められると、その日にはどんなことがあっても各戸から一人は出役しなければならない。それに欠席したりすることは仲間が許さない。

井堰灌漑というのは厄介なものである。皆で協力してひとつの井堰をつくりそこで取水するわけだが、いったん取水すると、今度はこの水を分けあわなければならない。当然、村人の間で水の取りあいが始まる。枯死寸前になった自分の田を前にしたとき、他人のことなどかまっていられない。盗水がしばしば起こる。こうして井堰を共有するひとつのグループは実に両義的なものになる。協力して取水しなければならないという協力仲間であると同時に、ひとつのパイを奪いあわなければならない競争相手でもあるのである。灞をつくって稲作を営む地域というのは、こういう内容を持った運命共同体をいくつもつくることになるのである。

水稲の沿海展開

沿岸部には山地とまったく別の展開がある。沿岸部には低湿な所が多い。したがって水不足などということはあまりなく、むしろ余分な水の排水が問題になり、そのために特別な展開をしていく。結論から述べると農・漁複合的な展開が起こるのである。

珠江デルタでは唐代には稲作と平行して養魚が行なわれるようになった。例えば、八、九月にコイ科の稚魚を池に入れて飼育すると一年後にはすっかり成長するからそれを食うというのである。明代の中・後期になると珠江デルタでは広範囲に「果基魚塘」がつくられるようになった。次のような具合である。

「土を掘って周囲に高い堤を築いた耕地をこしらえる。これを基と称する。ここに植栽するのは果樹や茘枝が最も多く、茶と桑がこれに次ぐ。(中略)耕地の中に池を掘り、ここで魚を養殖する。春になると水を干して稲を作る。大規模なものは数十畝の広さに及ぶ」[14]。明末になるとこの果基魚塘は桑基魚塘になり、いちだんと広まる。飼われた魚は鯇（ソウギョ）などであった。

そして、後になるとこれに養豚が加わって土地利用は高度に進展した。二〇世紀に入って書かれた『嶺南蚕桑要則』には広東省南海県の様子を次のように書いている。「だれもが家ごとに栽桑・養蚕・養豚・養魚を行ない、衣食のもととしている。（中略）豚を一〇頭購入して柵の中で飼育する。飼料としてもっぱら浮藻・仮莧菜・芋殻・水苴〔浮草の一種〕を買い付け、これらを等量毎日水にひたし、エサ用の糠にまぜて与える。豚が大きくなれば現金収入になる。養魚・養豚・養蚕・栽桑は四大収入源である(15)。」

こうして、華南の沿岸部では、その水面の多い環境を利用して、稲作がいってみれば農・漁複合的なものとして展開していく。この農・漁複合の流れは実際には中国領を通り越してベトナムやインドネシアにも広がっている。

農・漁複合が華南沿岸部を中心に展開したということは考えてみればごくごく自然なことであった。理由は、ここには大昔から漁労に生きる人たちがいたのである。彼らは漁労に多くを頼る狩猟・採集民や、漁労を多くする根栽栽培者であったのである。そうした人たちの間に稲作が入っていってでき上がったのが、この華南沿岸部の農業なのである。農・漁複合的なものになるのは当然である。

考古学的な資料としては杭州湾の近くの河姆渡遺跡のものがある。これによると杭州湾近辺では紀元前五〇〇〇年にはもう稲作が始まっていたのである。ここの資料は次のようなことを示している。

ここの人たちは鹿や猪を狩り、海の魚を捕っていたが、それに加えてコイやフナをきわめて多量に捕っていた。そんな人たちが同時に稲作を始めた。華北台地や四川・雲南などの山地とは少し違った生態的・文化的な背景の所に侵入していった稲作がつくる特別な展開の経路というのもまた認めておかなければならないのである。

このように整理してみると、東アジアに展開した稲作は華北黄土台地の畑型稲作、内陸山地に展開した棚田、灞型稲作、それに華南沿岸に展開した農・漁複合型稲作というふうに類型化することができる。

(3) 東南アジアの焼畑——森との共生

混牧農業、水稲農業と並んで天水農業のひとつの大きな類型として焼畑農業をあげることができる。これは森に入りこんだ農業であり、森と共生する農業である。ただ、外部世界からの不幸な干渉などがあって、この農業は最近、著しく衰退している。

熱帯多雨林と焼畑

焼畑とは森を伐り、しばらく乾燥させた後焼き、そこに棒で穴をあけ種子を播き入れて、あとは地力に委ねて作物を育てる。主作物は稲である。稲は一年、ときに二年つくると、その後は森に返すから、すぐ樹木が生い茂ってくる。土を掘り起こすなどということをまったくしないから原始的な農業だと考えられている。

この焼畑農業は、火に頼ることと耕起を行なわないこと以外にもいくつかの付随的な特徴を持っている。例えば、高床づくりの家に住み、しばしば水牛を持っている。高床は床下が一・八メートルぐらいもある。水牛は持っているといっても普通の家畜ではない。森の中に勝手にいるのである。役畜として使うことは少なく、普通は犠牲獣として用いる。

稲は草丈が高く、大きな穂をつける。それをインドネシアあたりだとアニアニと呼ぶ特殊な穂摘具で摘みとる。モチ米に似てねばり気がある。それを蒸し器で蒸しておこわにして食べる。またこの米からよく酒をつくる。稲を特別尊崇し、特に母稲信仰とでもいうべきものを持っている。この焼畑・高床・水牛・アニアニ・モチ米・母稲信仰の一式を持った文化複合の分布を示したのが図16である。これは東南アジアを本体部とし、そこから北へ琉球列島に伸びてきている。

さて、この図を図17と見比べてみると両者はかなりよく符合している。焼畑は、図17で乾燥月の数がゼロで冬雨型の地区としたものに中心部があるといってよい。乾燥月がゼロで冬雨型とした所はこのあたりでは熱帯多雨林型の気候区である。焼畑は熱帯多雨林に深く関係していると考えてもよい。

ただ、注意深い読者は大陸部東南アジアでの分布に異議を挟まれるかも知れない。これに関して付言しておくと、この部分は山地と平野部での条件がずいぶん違っていて、この両者の差が図にはうまく表わせていないのである。気候図では平野の情報が示してある。そこでは乾燥月が多く現われて、農業的にいうと、実は先の中国南部の水稲農業が延びてきているのである。一方、山の高みだと降雨

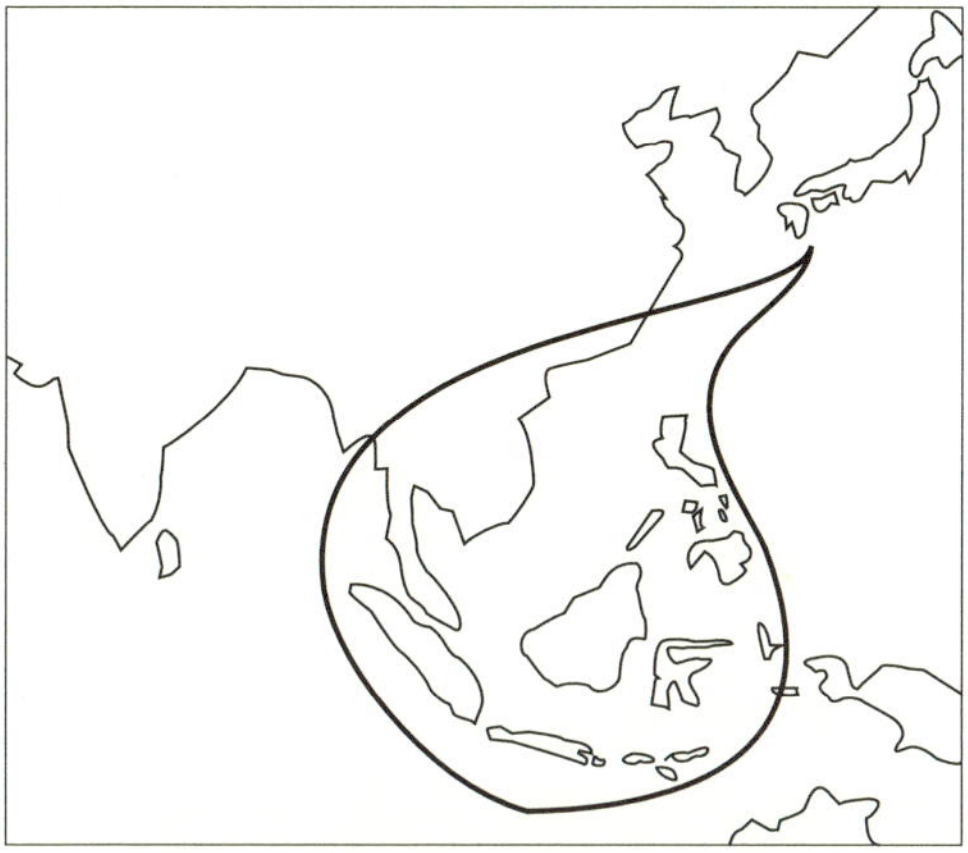

図16　焼畑諸要素の分布する地域

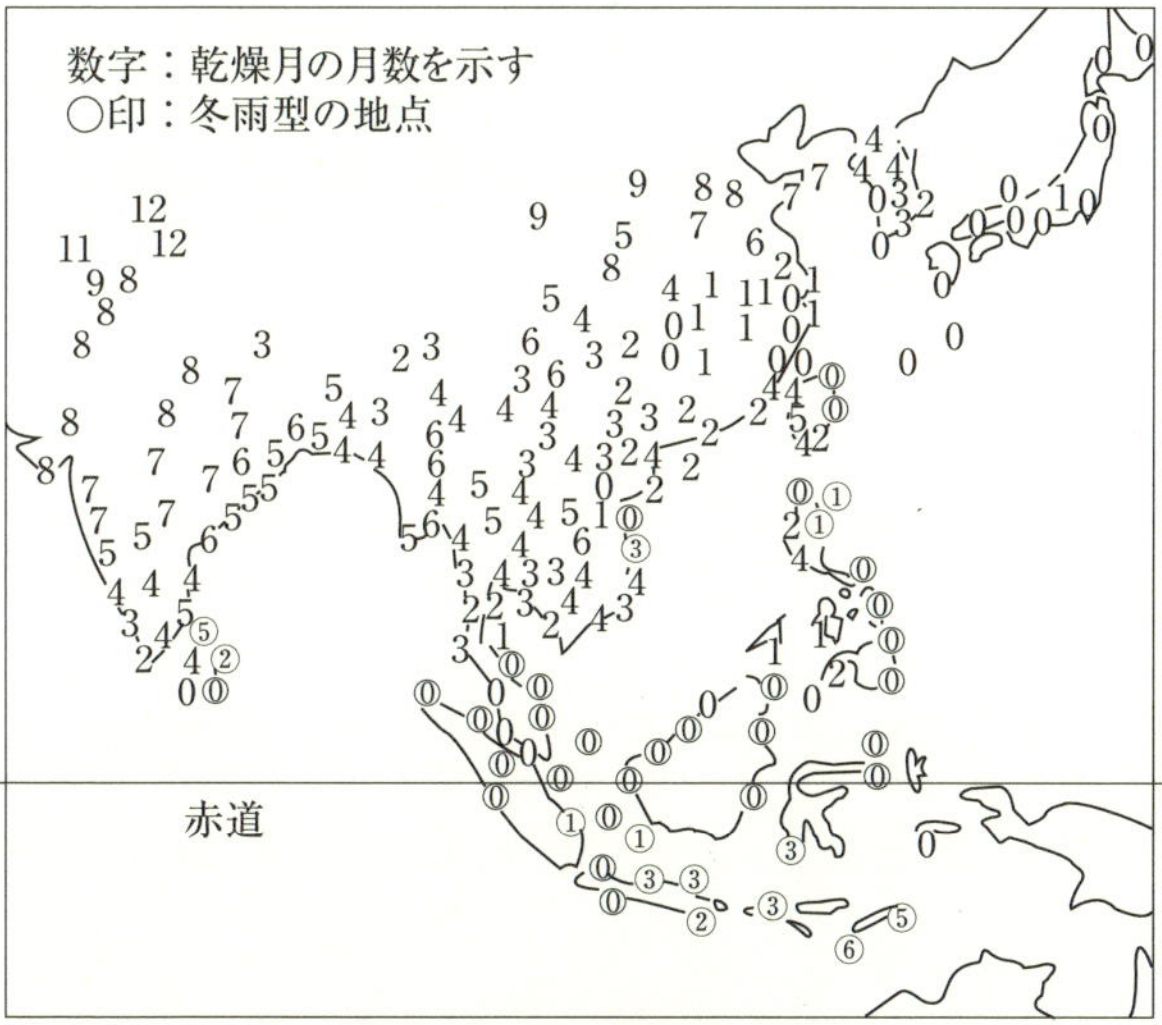

図17　乾燥月の分布図

高谷好一，1984年「〈南島〉の農業基盤」（渡部忠世・生田滋編著『南島の稲作文化』法政大学出版所収）を一部修正

量ははるかに多く、いわゆる冬雨型の気候になり、そういう所には焼畑が現われるのである。図16ではこの高地の農業をとりあげて、ここを焼畑分布域に入れている。

儀礼こそ技術

焼畑は、森の木を伐り、それを焼き、そこに種子を播くだけのことだから、技術的にはいたって簡単である。だから原始的農法などといわれるのである。だが、いったん精神世界にまで目を広げると、焼畑にはきわめて豊かなものが現われてくる。人間は何のために食糧生産を行なうのだろう、どういう生き方が心豊かな生き方なのだろうかなどということを考えだしてみると、焼畑には原始といって簡単に片づけられないような大変な広がりが現われてくるのである。

私がスラウェシ島のゴロンタロで聞いた焼畑稲作の模様をかいつまんで述べてみよう。話をしてくれたのはそこのリンクアン村のムサ・イスマイル氏で、一九八五年の状況である。イスマイル氏の家は今では孤立してしまっているが、一〇年ほど前まではもう何軒かあり、小さな集落をなしていた。焼畑作業の便利を考えて、皆、森の中へ散っていって、今は一軒だけになったのである。もっとも、もともとはこの人たちは何年かに一度は村そのものを移動させていた。それが一九一五年を最後に移動をやめ、以後この地に住み続けているのである。

一九一五年、イスマイル氏の祖父が皆を引き連れてここに入ってきたときには大変な開村儀礼を行なったという。斎場をつくり、米と魚を入れた釜を地面に埋め、そのまわりに、香、キンマ、ご飯、卵、ニワトリ等々いろいろの供え物をして、森のカミの許可を得、ここを村にする許しを得たのだという。

さて、焼畑耕作そのものだが、他の村々だと選地や伐開、火入れなどにかんしてはいろいろの儀礼があるのだが、この村の場合はない。イスマイル氏によると、一九一五年の大儀礼のとき、そのあたりのところはまとめてしてあるので、森のカミは自由に耕作を許してくれるのだという。だから、耕作地点を決め、森を伐り、焼くのは村の農業関係の長老パンゴバの指示だけで行なうのだという。

さて、火入れが済むといよいよ播種があり、それから育成だが、これがそう簡単ではない。まず、播種だが、このときには、畑の中央にトゥオトという斎囲をつくる。これは一メートル四方ぐらいの所で、四本の木の枝を横たえてつくる。そしてその中心に、テロロ（母）・トトア（掘棒）を立てる。これは太さ三センチメートル、長さ一・五メートルぐらいの棒である。そして、それに添えて、長さ二・五メートルぐらいの笹、赤葉と斑入りの薬草などを植えこみ、その脇に種子籾を入れた籠を置く。こうした準備が整うと、あらためて中央のテロロ・トトアを引き抜き、それでトゥオトの中に五つの穴を穿ち、そこに数粒ずつの籾を播き入れる。播き終えるとテロロ・トトアは元の位置にもう一度立て直す。これらすべてはパンゴバが行なう。

これが済むとやっと畑の持ち主はその他の部分の播種を行なう。しかし、一人で行なうのではない。たいてい一〇人ぐらいの村人が手伝いにきているからその人たちの助けを借りて行なう。一〇人は、先のトゥオトを挟んで向き合って並び、合図とともに一斉に後ずさりしながら、掘棒で穿穴していく。すると、ペアになった妻たちが、その穴に籾を播き入れていく。この作業のときは女たちは耳飾りや腕輪は外さなければならない。違反するとせっかく播いた種子が鳥や鼠に食われてしまう。こうして播種が終わると、その夜、畑の持ち主は助けてくれた人たちを家に招いてご馳走する。

発芽して順調に伸びだした稲も、ときに虫がついたり、病気になったりすることがある。すると、長老のパンゴバがやってきてそれを治してくれる。パンゴバは安息香を焚いて、トゥオトのまわりを反時計回りに三回まわり、その後、左手をテロロ・トトアにかけて、オポオポを呼び、それから持参した薬をトゥオトの五株の稲にかける。オポオポは誰にも見えないのだが、実は白い着物を着たカミさまで、普段は森に住んでいるのだという。薬は森でとってきた薬草をココヤシの水につけたものである。

パンゴバの役割はこうした虫や病気が発生したときだけではない。彼が出場しなければならない場面はもっと数多くある。そもそも稲には播種から収穫までの間に四回の危険な時期があり、そのときはパンゴバはオポオポを呼んで加護を頼まねばならないのである。オポオポに来てもらいたいときは、パンゴバはいつも安息香を焚き、テロロ・トトアに手をかけて呪文を唱え呼ぶのである。

四回の危険な時期とは播種のとき、穂孕みのとき、穂が黄色になったとき、収穫のときである。播種のときにはパンゴバはテロロ・トトアを立てて、稲の発芽と生長を祈っている。このとき以降、オポオポはテロロ・トトアを依代《よりしろ》にして、畑の稲を見守ってくれるのである。

穂孕み期は特別危険な時期である。稲は女性だと考えられている。しかも人間と同じように魂を持った女性だと考えられている。穂孕みは妊娠である。そのとき稲は過敏になっているから、特に手厚く保護しなければならない。例えば、畑の近くで猿などが騒いだり、豚が近づいてきたりしてはいけない。そんなことが起こると、驚いた母稲（トゥオトにある稲。まわりの畑の子稲たちの母親だと考えられている）の魂は体から飛び出してしまってどこかに行ってしまう。そんなことになると、もうコメはとれない。そんなことがあってはならないので、パンゴバはこのときもう一人のオポオポの加勢を頼むのである。すると、第二のオポオポがテロロ・トトアにやってくる。すると、最初からいた第一のオポオポは畑を囲う柵に移り、そこを伝って畑のパトロールを行なう。こういうことだから、この時期になると村人たちは皆なるだけ静かに暮らす。喧嘩などはもってのほかだし、犬に吠えさせてもいけない。こうして、皆で出産の成功に気を配るのである。

穂が黄色になると、いろいろの害獣が、もう実りだということでやってくる。放っておくと彼らにやられてしまう。それで第三のオポオポの加勢を頼む。第三のオポオポがテロロ・トトアにやってくると、第一と第二はともに柵のパトロールにまわる。

収穫のときはまた危険である。摘みとった稲穂を農小屋に運び入れなければならないが、そのときに横取りされる危険があるのである。だからまた加勢を頼む。このときには二人のオポオポが来てくれる。第四のオポオポはやってくると、畑と農小屋の間の道のガードにまわる。ところで、これまでの四人のオポオポは皆男だが、第五のオポオポは女である。この女オポオポはまっすぐ農小屋にやってきて、そこで母稲の到来を待ってくれる。

さて摘みとりだが、こうして準備ができると、パンゴバはトゥオトの五株から七穂を摘みとり、すぐにそれに白い着物を着せて農小屋に運ぶ。農小屋には薬草を入れたココヤシ水と安息香を片隅に載せた丸箕があり、その上に置かれる。これが終わると、パンゴバは急いで畑にとって返し、トゥオト以外の所から摘みとって三束をつくり、それを先の母稲の箕のそばに置く。これは子稲の代表である。

これだけの儀礼が終わると畑の持ち主はやっと摘みとりを始める。このときも知人の助けを得て行なう。こうして摘みとった穂はただちに農小屋に入れる。ただし、母稲とは別の部屋である。農小屋といえども必ず二部屋あって、母稲だけは特別な部屋に入れられ、それを女オポオポが見守るのである。

実際の摘みとりは一ヵ月近くもかかるのだが、摘みとりを始めてから三日ほどたつとひと区切りをつける。そのときまでに摘みとった分を脱穀するのである。農小屋は高床造りで、その床が丸竹でできている。そこで穂を踏みにじると脱穀した籾粒が床下に置いた容器の中に落ちるようにしてある。まず最初に例の三束を踏み、籾を落とす。そして、続いて他の穂束を踏む。こうして脱穀したものは七日間農小屋に置いておく。

脱穀してから六日目の夜、脱穀した新米を少し煮てご飯にし、鉢に盛る。そして、その上に鶏の黄卵を落とし、それを母稲が置かれている丸箕の脇に置く。これは七穂の母稲を守ってくれている女オポオポに対する感謝の供え物である。ちなみにいうと、七穂が農小屋に入ってからの一〇日間ほどの間は、畑の持ち主は夕方になると、必ず七穂に対して安息香を焚き、薬草入りのココヤシ水を振りかけるのである。

七日目に籾を農小屋から村の母屋の米籠に運ぶ。米籠は直径一・五メートル、高さ一・八メートルの藤製で、居間の片隅に置いてある。籾を籠に入れると七穂はその上に吊るす。これが完了すると、早速、新米を炊き、卵と、ドンバヤ、フロウ、オトラの三種の魚を添えて丸箕に載せ、それを畑のよく見えるベランダに置く。これは助けてくれた四人の男オポオポに対するお礼である。このご馳走は七日間こうしておく。

この七日が終わると畑の持ち主は畑に行き、いつもパンゴバがやったように安息香を焚いてテロロ・トトアのまわりを三回まわる。そしていつも使う山刀を安息香の煙にかざして清め、それで五株の母稲を根元から切る。そして、テロロ・トトアを引き抜き、トゥオトを画していた四本の小枝も取り外す。そしてこれが終わったとき、はじめて彼はその年の稲作が終わったと思う。それまではいくつかの禁止事項があって、畑周辺では人びとは勝手な行ないはできなかった。いわば聖なる場であった畑がここで普通の場に返るのである。

ちなみに付け加えると、このリンクアン村の場合、稲作が終わるとその翌年には一年だけトウモロコシをつくる。しかし、これには全く儀礼はない。稲だけは特別で、それには多くの儀礼があるのである。

焼畑儀礼の細部は村々によっていろいろである。東インドネシアのフローレスあたりに行くとこのリンクアンの場合よりも、もっともっと繁縟な儀礼を行なう所がある。例えば、摘みとってきたその年の母稲を前年の母稲と面会させ、そこで母系社会の相続儀礼のようなことをやったりする。こうして細部ではいろいろの変容があるのだが、それでもここには一貫して流れている基本的な考え方がある。それは第一は、森を一時的に使わせてもらっているという考え方である。だから耕作が終わったらそこは森に返さねばならない。第二はオポオポのようなカミガミと祖霊などの加護がなければ稲作はいつ失敗するかわからないという考え方である。第三に稲は人間の女性と同じで魂があり、きわめて繊細なものだから、だいじに育てなければならないという考え方である。また、しばしば、それぞれの家にはその家に住みついた稲の血筋があるというふうにも考えられている。

森・集落・畑

焼畑の世界では人と稲はお互いに情を通わし、オポオポに助けられて住んでいる。人は集落に住み、稲は畑に育ち、オポオポは普段は森にいる。お互いに本拠を別々にし、いわば独立したものなのだが、これがまた絡みあって一つの焼畑宇宙とでもいったものをつくっている。すくなくとも、そこに住む人たちはそれが自分たちの住む世界だと納得して住んでいる。

人びとはできることなら森には入りたくないと思っている。大きな森はそこに入ると薄暗く、本当に何がいるのかわからない、いつ神隠しにあうかわからない、といった不安があるからである。焼畑の村でなら、ほぼどこにでも神隠しの話がある。森に入った人が忽然と消えてしまった。カミさまか魔物にどこかにつれて行ってしまわれたのだ、という話である。普通の人はこうして森を恐れ、できたらそこには入りたくないと思っている。ただ、森に対するイメージは実際にはなかなか多義的である。幽霊や悪魔がいる恐ろしい所というイメージがある一方で、森は力を与えてくれる所、というふうにも考えている。呪術師といわれる人たちがいるが、彼らは森で修行してそうした力を付けたのだと考えられている。

また、森は死人の行く所だと考えられている。一度こんな話を聞いたことがある。人が死ぬと本葬があるまでの間、森で過ごすのだという。ときに本葬までに数ヵ月を必要とすることがあるのだが、そんなとき死人は森の中のある特定の場所にいて、そこでこの世と同じような生活をしているのだという。そして、本葬が行なわれると、やっとそこからあの世に旅立つ。森はこの世とあの世をつなぐ漸移帯なのである。人びとはこのことを単なる抽象的な概念としてではなく、「あの丘の森がその場なのだ」といった具合に具体的に意識している。そういう、恐ろしいが何もかもがいる森から人びとはオポオポや先祖を呼びよせては稲作をしているのである。

また、こういうこともいえる。人びとの世界認識は具体的、触感的で、かつ一元的である。一元的といっているのは、先に森・畑・集落などと分節的に書いてしまったが、実はそれらがお互いに入籠状に絡みあっているのである。一度こんなことを聞いたことがある。森で本葬を待っている死人は、生きていたときと同じような生活をする、そして、本葬が終わってあの世へ行ってからもまた同じような生活をする、というのである。それで私は、それならあの世でまた死ぬことがあるのかと問うと、そうだという答えである。あの世で死んだらどうなるのだと重ねて聞くと、答えは次のようだった。あの世で死ぬと、もう体がなくなって煙のように空に立ち昇っていく。するとそのうち、雨に打たれて地上に落ちてくる。森に落ちるだろうし、一部は焼畑にも落ちるだろう。すると稲がそれを養分と一緒に吸い上げる。私たちがその稲を食べる。こういうことだから、ご先祖を食べることにもなる。

この話はごく限られた所で聞いた、いわばできすぎた話なのだが、これに類した考え方はいたる所で聞かれる。この世とあの世はつながってい、かつ循環的なのである。

自分たちをとりまく森は畏怖すべき非日常の場であるのだが、同時にご先祖と自分たち、彼岸と此岸を結びあわす場として強く意識されているのである。そして、その循環の輪の中に稲もまた組み入れられている。こういうふうに何もかもがつながっているところ、それを私は一元的といっているのである。

消失する森

一般の人たちの焼畑に対する見方は誤解に満ちみちている。熱帯林の消滅や地球温暖化の最大の犯人は焼畑であるかのように報じられ、多くの人たちもそう信じている。

だが、これは完全な間違いである。すくなくとも本来の焼畑はそのようなことを引き起こすものではない。ただ、残念ながら、経済的にも政治的にも現代の暴力に追いつめられてしまった焼畑民たちは、もうまともな焼畑耕作が行なえず、形の崩れた、したがって安全でない耕作を行なわねばならないような立場に追いこまれている。そして、それが熱帯林の破壊にもつながっているのである。

焼畑地帯で過去数十年の間に起こった本当のところは次のようなものであった。変化は一九六〇年代に起こり始めた。中央政府が強くなり、経済ブームが起こりだすと、中央政府はそれまでは地元の人たちのものであった森を次々と国家のものということにし、他国者にコンセンションを与えて開発を許した。このときにいち早く入ってきたのが、日本をはじめとした諸外国の木材会社であった。木材会社はいたる所に道路を延ばし、軌道を敷き大木を伐り出した。木材会社だけではない。鉱山会社も同じような開発をやった。

伐採や鉱山開発そのものが森林破壊を行なったのだが、同時に彼らのつくった搬出用の道路が連鎖的に別の種類の森林破壊を起こした。道路ができると、それ沿いにどっと一般住民が押しかけた。こうした人たちのなかには焼畑民もいたのだが、商品作物をつくってひと儲けしようとする人たちが多くいた。例えば大陸部のタイだと飼料用のトウモロコシ栽培が広がった。これは外国への輸出用作物である。彼らのなかにはブルドーザーを持ちこんで斜面に大きな畑を造成するような人たちもいた。こうした畑は数年連作すると地力が落ちたからそこを放棄し、また別の所を開いた。ブルドーザーがけして畑にし、放棄された所は、もう森には戻らない。島嶼部のインドネシアあたりでも似たような状況がもっと大々的に起こった。ここではコーヒーやココアやアブラヤシやゴムといった木生の商品作物がつくられた。木材搬出用の道路建設はこうして一連の変化を急激な勢いで引き起こしたのである。

この結果起こったことは、森の急速な減少である。焼畑では一年の耕作の後には一〇年の休耕を必要とする。贅沢なことだが、こういう条件があってはじめて焼畑は安定的に成立していたのである。ところが森が減少してしまうと、もうこうした理想の焼畑が行なえなくなった。体耕期間が七年になり五年になり、やがては三、四年になった。こうなると地力は衰え、生産力が落ち、森そのものも回復しなくなる。焼畑システムの崩壊である。現実に、多くの所で起こったのはこういうことである。

ところで、特にここで知っておかねばならないことは、木材伐採や鉱山開発や商品作物の栽培にやってきた人たちは森そのものにかんしてはまったくの素人であり、また、これっぽっちも森に愛着を感じていない人たちであったということである。彼らは木材や鉱石や輸出用の熱帯作物を収奪するためにやってきただけのことで、森に住みつこうなどという気持ちはかけらもなかった。だから森を自分のものとして大事に扱おうという気などまったくなかった。ただ、DDTやチェーンソーやブルドーザーという文明の利器だけはふんだんに持っていた。だから、わが物顔に振る舞い、縦横無尽に森を荒らしていった。これが実際に起こったことなのである。

はっきりいって熱帯林破壊は都会からやってきた外来者によって行なわれてきたし、今もそれが続いている。先にも述べたように、何世代にもわたって森と稲と人とが共生する焼畑小宇宙に住み続け、その生き方に納得し続けてきた人たちは、自ら好んでそれを破壊するはずがない。森を破壊してきたのは、そんな小宇宙の存在などまったく知らない都会人である。都会人の欲望が森を本当にめちゃくちゃにしてしまった。

残したい焼畑宇宙

森と焼畑はどうしても残さねばならないと私は考えている。それは人類にとっての大きな宝だからである。森の暗がりは今の地球上では数少なくなった非日常の場である。あの暗がりに入ると人びとは嫌でもカミガミを感じ、超自然的なものへの畏怖を覚えさせられる。あの種の畏怖を覚えさせてくれる場は本当に大事なのである。昨今などのようにＩＴ革命などといって、ヴァーチュアルな世界にのみ流れ、自分の魂の存在さえ忘れがちになっているとき、この種の畏怖を覚えさせてくれる場があるということは大変ありがたいことなのである。

同じような意味で、焼畑民の持つ小宇宙観はこれまたきわめて大切なものである。最近では人びとはバラバラになり、社会が崩れかけている。自然に対する配慮もない。森林や野生動物との共存を口にしながら、本当は人間だけのことしか考えていない。それも生きている今のことだけである。死後のことや先祖のことなどまったく視野に入っていない。実に薄っぺらで寒々とした生き方である。これが現代文明というものなのだが、これに比べると焼畑民の生き方は何と温かみがあり、堂々としていることか。

だが、現代人はこのようにはいわない。森の暗がりにカミガミがいるなんて馬鹿げた非科学的な妄想だという。そして、チェーンソーで森を切り払って、「見ろ、何もいないではないか」という。カミガミもいないし、祖霊もいないという。妄想であることが科学的に証明されたという。また似たようなことを焼畑民に対してもやっている。焼畑が完全な形でやれないようにしておいて、焼畑民がやっていることは自然破壊以外の何物でもないではないかという。これはあまりにも一面的な見方である。

焼畑農業のことを少しは知っている私は、ここのところは声を大にして述べておきたいのである。

(4) 日本――稲作水利共同体

日本はアジアに展開したいろいろの農業の吹だまりのようなところである。だがそのなかで灌漑移植農業が特に高度に発達し、結果的には水利慣行を軸にしっかり固まった地縁共同体型の社会をつくった。

大陸の稲作圏と日本

アジアの天水農業をもう一度鳥瞰してみよう。二つの核心域、インドと華北ができ、その外側にそれらの地方展開として、華北の畑作区と中国南部の水稲区、それに東南アジアの焼畑区ができた。このなかで華北の畑作区だけは稲の比率が大変低くて、むしろこれは非稲作圏とでもいったほうがよい。こうなると、残りの三つが稲作圏ということになるのだが、これらはそれぞれに特有の稲品種を持っている。インドはいわゆるインディカを持っている。中国南部はジャポニカを、東南アジアはジャバニカを持っている。

インディカというのは細かくて長いコメである。昔、ガイマイ（外米）といっていたものである。炊いても粘り気がなく、私たち日本人の口にはあわない。しかし、ピラフや焼飯にするとうまい。ジャポニカはふつう私たちが毎日食べている丸型のコメである。ジャバニカは最近では熱帯ジャポニカと呼ばれている。これに対して旧来ジャポニカといわれてきたものは温帯ジャポニカと呼ばれるようになった。熱帯ジャポニカは温帯ジャポニカと同じような丸みのあるコメなのだが、はるかに大粒である。それに、炊くと粘り気が温帯ジャポニカよりもいっそう強く、モチ米のような粘り気のあるものが多い。

こういうふうに品種も考慮に入れてアジアの稲作を区分してみると、ここにははっきりとした三つの地域が出てくる。インディカを直播きでつくるインド、温帯ジャポニカを水田でつくる中国南部、それに熱帯ジャポニカを焼畑でつくる東南アジアということになる。日本の稲作は明らかに中国南部のそれと同じグループに属する。

日本稲作の歴史的変遷

日本では今、温帯ジャポニカの水田での移植栽培になっているが、必ずしも最初からそうであったわけではない。いくつかの変遷を経て、今日見る稲作になったのである。

その歴史的展開は、仮に区分するなら、最初期の縄文型の稲作があり、それが弥生型の稲作に移り代わり、中世の大開発の時代を経て、最後に江戸時代の熟成に到ったとみることができる。

さて、最初の縄文の稲作であるが、これは最近になってその存在が認められるようになったものである。いくつもの縄文遺跡から稲のプラントオパールが発見されるようになって、縄文時代にも稲作があったのだ、ということになった。しかも、多くの所で熱帯ジャポニカがつくられていたのだということがわかってきた。出土地点の立地などからして、このときの稲作は焼畑であった可能性が大きいとされている。もし、そういうことだとすると最初期の稲作は今の東南アジアのそれに近いものだったということになる。

こういう縄文期の稲作があったところに紀元前四世紀ころになって弥生稲作が入ってきたのである。戦国時代の混乱を逃れた大陸の人たちが、当時すでに大陸で確立していた灌漑稲作を持って日本列島に到来したのであろうか。持ちこまれた品種も温帯ジャポニカであった。今日本で広がっている稲作はこうして拡散したのである。

中世の大開発といっているのは次のようなことである。宋代に入ると中国の重心が江南に移った。そこでの絹や磁器製造が増え、長江デルタの大開発が起こった。このとき日本もその影響を受けて、開拓前線が広がった。鎌倉時代は開拓の時代だったといわれる。農地がそれまで利用できなかった低湿地や高燥地にも広がっていったのである。

面白いことはこのとき、それまでまったくなかったインディカの稲が導入されている。インディカのなかには耐湿性や耐旱性が高く、開拓前線に適したものがあったからである。こういうインディカは当時の日本では太唐米と呼ばれた。中国から導入されたからである。中国では同じ稲が占城米と呼ばれていた。占城（チャンパ）すなわち、ベトナム経由でやってきたインドの稲だったからである。ちなみにいうと、太唐米はインド風の籾調製法をも伴って日本にやって来た。蒸し磨り法といっているのがそれである。籾の被ったままの状態で炊いて、乾燥させ、その後、籾すりをして籾殻をとり去るという変わった方法である。これはパーボイルド・ライスといって、インドではよく見られるものである。

ともあれ、中世の大開発時代には大発展した宋の経済圏に巻きこまれて、日本の経済も拡大し、日本農業もいろいろのものを海外から受け入れ、大展開をしたのである。室町時代、戦国時代も鎌倉時代に続いた展開と動揺の時代であった。そして、江戸時代に入って、国が統一され鎖国政策がとられると、やっと農業も落ちついていった。江戸時代は農業技術の定着期であり、農村の熟成期であった。日本の稲作はこのように、大きくみると四つの段階があった。

江戸時代の灌漑

江戸時代の稲作の定着、農村の熟成は何よりも灌漑の確立によってもたらされた。その実際を私の村の場合を例にとって見てみたい。村を通って琵琶湖に流れ込む野洲《やす》川はこのあたりの川のごくふつうのものだが、これだと次のような具合である。室町時代には土地開発が進んで、川には洪水防禦のための堤防建設が施された。おかげで流路を固定された川は河道に土砂をためこんで川床が高くなり、天井川になった。こういう川だから渇水期になると、水は川底の砂に吸いこまれてしまい、干上がる。そのかわり、堤防の脚部や、所によっては川からずっと離れていても地下水の水みちに当たっているようなところには、湧水が見られる。こういう水利条件をフルに利用して各種の灌漑が行なわれるのである。

最も主要なものは井堰灌漑である。川を横断して一〇〇メートル、ときには数百メートルの井堰をつくり、こうして集めた水を、堤防の下をトンネルでくぐらせ、田側に持ってきて、灌漑するのである。この種のもののなかで大型のものだと、一〇ヵ字《あざ》（集落）ぐらいが協力して一つの井堰をつくる。例えば今井十郷井などというのがその例である。

同じ野洲川でも地表流がすぐ涸れるような区間では伏樋がつくられる。井堰と似たようなものだが、それを川底の砂の中につくり、伏流水を集めるのである。播磨田の伏樋開設にかんしてはこんな話がある。旱魃に悩まされていたこの村の庄屋は毎日河原に行き川床の砂に耳を当てて地下水脈を探り続けた。一〇〇日の後、やっといい水みちを見つけ、そこに向かって伏樋を伸ばし、伏流水を得たというのである。

湧水利用の場合は次のようにする。湧水口を枠で囲い、さらにそのまわりを杭で囲って池とする。そこから、自分たちの字まで数キロメートルを水路で引いてくるのである。水路は六尺から九尺ぐらいの幅のものが多い。

井堰も伏樋も湧水もそれらの維持、管理や配水については厳格な規制が存在している。例えば、井堰だと長さと高さ、井堰をつくるのに用いることのできる材料などがちゃんと決められている。もっと水が欲しいからといって、堰の長さを伸ばしたり、止水性の高い材料を用いたりすることは許されない。例えば、砂利だけでつくる井堰ということに決められておれば砂利しか用いられない。その前面に蓆を当てて止水効果をあげるなどということは違反なのである。伏樋の場合も同じである。延長を伸ばしたり、断面積を大きくすることは許されない。

湧水の場合も規制が多い。水源は自分の領地の中にはなく、ふつうは数キロメートル上流の他領の中にある。そこから他領の敷地を通って水を持ってくるのである。水利権は持っているが、借地だから勝手なことはできない。例えば、水路の通水をよくしようと思って水路の砂や泥をあげたとする。だがその砂や泥は、脇の土手に捨てることはできない。そこは他領だからである。許可が得られればよいのだが、そうでなければ自分たちの領地まで持って帰ってこなければならない。江戸時代になって、農地も水も不足するようになると世の中はいっそう、せち辛くなって、こういう規制が厳しくなっていった。

水利地縁共同体

伝統的な日本の社会の最大の特徴は、水利慣行を軸にした地縁共同体をつくっていたことである。これは江戸時代に生まれたものだが、それがどのようにして定着したのかを見てみよう。

灌漑は規模の大きな仕事だから一人ではできない。どうしても共同作業になってくる。例えば井堰灌漑の場合だとこういうことになっている。まず、その井郷を取り仕切る井堰の長と役人が選ばれる。そして、全ての作業はこの長の指示のもとに行なわれる。何月何日に井堰の修理を行なうから、どの集落は何百本の杭と幾十巻の荒縄を持って集合せよ、というふうな指示が下る。この指示は絶対なので、どの字も皆それに従う。井堰内の全農家は必ずその家の代表一人が、指示されたとおりの材料と道具を持って出役しなければならない。井堰の修理が終わると、次は水路の修理、掃除である。これも字ごとに責任区間が決められ、字の長の指示のもとに作業が進められる。灌漑にまつわる仕事にはこうしてちゃんとした命令系統があって、それに従って全ては共同作業で行なわれるのである。

普段はこうして整然と行なわれる共同作業なのだが、旱魃年などだと、特別なことも起こる。例えば、井堰修理のとき、すぐ下流の井堰の連中が監視に来る。規定よりも堰を長くしていないか、定められたもの以外の材料で堰をつくっていないか、そんなことを土手に陣取って監視するのである。下流の井郷にしてみれば、上流の井堰をかいくぐって流れ下る水だけが頼りである。違法な井堰で全部取水されてしまったりしたら大変なことになる。

ひどい旱魃年だと両方とも命がけである。それで、監視されながらも上流井郷は違法を敢行しようとする。すると下流は実力阻止に入る。数百人の人たちが鍬や竹槍を振って、乱闘に及ぶこともある。

ときに命を落とすようなことさえもないではない。灌漑水はそれほど大事なものなのである。こういうことだから、用水を柱にしてひとつの井郷はひとつの運命共同体になるのである。

こうして結束を固める井郷なのだが、それはまた同時に単なる協力だけではない他の面も持っている。それはこういうことである。こうして自分たちの幹線水路に取り入れてきた水なのだが、いったん井郷の中に入ると、今度は支線を通じて、各字に配水しなければならない。するとここで、本川の場合の井郷対決と同じような問題が起こる。下流の字は上流の字が規定に反し取水しすぎないように、うって一丸となり見張らねばならない。他郷に対しては一丸となった人たちも、今度は字の間ではお互いに対抗しなければならないのである。さらに、字の支線に入ってきた水は、今度は家ごとの取りあいということになる。隣人は敵なのである。

図 18　水田では水を分けあうことはごく普通だった

力をあわせて灌漑稲作をやっていかねばならない水田地帯というのはこのようにして、実に複雑な、決して一筋縄ではいかない地縁的運命共同体をつくることになるのである。基本的には皆で協力しなければ、稲はつくれない。だが、ノホホンとしていては自分だけ落後してしまい、家族が養えない。競争と協力が幾重にも入れ籠状になっていっぱいつまっている、そういう地縁共同体になるのである。

地縁共同体のいっそうの熟成

この地縁共同体は幕藩体制のなかでよりいっそう強固なものになった。理由はこういうことである。

近世の特徴のひとつは、村が定められ、個人よりも村を単位としていろいろなことが進められた点である。幕府も藩も農民たちが納めるべき年貢の量を村単位で決めた。何々村の高は何石という具合である。村役人が全責任を負って、定められた量のコメをお上に出さなければならなかった。

こうなると、村役人の目が光る。村役人だけではない。村人の目も光りだした。誰かがサボルとその分だけ自分のところにかかってくる。村人は連帯責任を負わされたからである。こうして、村人たちはお互いに相互監視の目を光らすことになった。やがて五人組などというものもつくられた。五人を単位として連帯責任を負わせるという制度である。こうなると、相互監視はいっそう強いものになる。落後者が出ると、五人という限られたなかで、補完しなければならないからである。

もちろん、相互監視というような陰湿な面だけがあったわけではない。毎日毎日、顔をあわせている仲間である。おのずから情が移ってしまう。助けあい、お互いに信じあって心安らかに生きていこうということにもなってくる。どうせ外に逃げていくことのできないこの字なのだから、お互いに信じあい、助けあって生きていくほうがいいのだという気になってくる。江戸時代を通じて、日本の社会はこのようにして熟成していった。

江戸時代を通じて日本は稲作を主生業としていたから、そして、幕藩体制という縛りを持ったから、このようにして地縁共同体を熟成させた。そして、この基本的性格は明治、大正、昭和の十年代までずっと続いた。三〇〇年にわたって日本が築きあげたこの地縁共同体が大きく揺られるのは第二次大戦後である。このことは後に述べてみたい。

4 遊 牧

遊牧は草原に適応した生活である。遊牧民は歴史の主舞台から退いたが、いまだに人びとに夢を与える存在である。多くの日本人はモンゴルというと一度は行ってみたいと思ったりする。草原の思いきり開けた空間と、そこの大地に繰り広げられる豪快な生活、とりわけ、あのチンギスカンの痛快きわまりない活躍を思い出して、一度でいいからそんな遊牧民にじかに触れてみたいと思うのである。

草原の生活

狭い意味で捉えると、草原とは全面が草で覆われた所ということである。モンゴルなどにはこの種の草原が広い。その草も放っておくと背丈を伸ばすものが多いのだが、多くの場合はまるで芝原のように背が低い。これは牛や羊などにいつも食われていて、いわば散髪をしたような状態にあるからである。

もっとも実際の草原はこんな絵に描いたようなものばかりではない。モンゴルだけをとってみてもいろいろある。南に行くと、草はトゲだらけのものが多くなり、それがまばらになって砂漠にも似た景観になる。逆に北に行くと木が混じってくる。多くは針葉樹である。やがて、針葉樹と草地がモザイクをなすようになるが、こんな所は森林草原と呼ばれる。森林草原はもっと北に行くとタイガのような森林帯になる。また、草原の中央部でも必ずしも見渡すかぎりの草の原とはかぎらない。山があったりすると、その高みには針葉樹の林があったりする。また川があったりすると、そこには樺や柳がよく生えている。

さて、遊牧民はこういう所で、季節ごとにそれぞれの環境を巧みに利用しながら家畜とともに生活している。模式的にいうと、四季で四つの異なったキャンプサイトを持っていて、そこで生活するのである。キャンプサイトといったが、もともと彼らは生まれてから死ぬまで、ずっとテント住まいで過ごす。モンゴルだとテントは木の骨組みの外側にフェルトを巻きつけた丸型のもので、ゲルと呼ばれている。彼らはそのゲルで四季を次のように暮らす。

まず夏である。夏はあたり一面の草が濃い緑になる。そのとき、人びとはゲルのまわりに家畜を放つ。遊牧民は普通、誰でも五畜を持っている。牛、馬、羊、山羊、ラクダである。それらをそれぞれに牛は牛、馬は馬というふうに群に分け、放牧する。必ずしも、誰かがその群にくっついていなければならないということでもないらしい。私の目撃した一例では、ゆるい盆地状の底にテントを張っていた一家はまわりの斜面に何十頭という牛を放しっぱなしにし、テント地でチーズづくりをしていた。ときどき双眼鏡で牛群の様子を確かめるだけで放っていたが、一度だけ、その娘さんはサッと馬にまたがって斜面の牛群のほうに走っていった。はぐれた牛を引き戻しにいったらしい。夏の放牧はいかにも楽しそうに見えた。

五畜というのは自給的な生活をしていくためにはどうしても必要なのである。牛は重要な食糧源である。夏場はもっぱらその乳を利用し、冬は肉を食う。馬は先の娘さんの例でも見たように騎乗用である。さしずめ自家用車というところだろうか。さらに馬はプレステージ・シンボルでもあるらしい。良い馬を多く持っていることは尚武の気風の盛んなモンゴルでおおいに意味のあることらしい。羊と山羊は羊毛をとり、肉にもなる。ラクダはゲルの移動など、重量物の運搬に用いられる。このように、それぞれ違った用途のある家畜を一式持っていてはじめて生活は成り立つのである。

夏の間はたくさん草があるから、家畜たちはせっせとそれを食い、乳を出す。だから夏には人びとは乳だけで過ごす。何十頭という牛から大量の乳を搾り、それをヨーグルトにしたり、煮立ててユバ状に凝ったものにしたウルムや、それを干して硬くしたアーロールに加工する。また、チーズ、バターをつくる。酒にすることもある。酒といえば、馬乳はもっぱら馬乳酒につくられる。夏の間、人びとはこうして一頭の牛も殺すことなく、乳だけで栄養をとり、さらに冬に備えてチーズやバターをつくる。

秋になると新しい草場を求めてキャンプを移動させる。秋には思いきり家畜を太らせて、冬に備えなければならない。冬は草が枯れ、多くの所が雪に覆われてしまうからである。秋の終わりの重要な

図19　ゲルの組立て（遠方には建ちあがったゲルが見えている）

仕事は干し肉づくりである。冬の草は全ての家畜を生きのびさせるほど十分ではないから、冬に入る前に何パーセントかを殺すのである。これはすぐに解体されて干し肉や冷凍肉にされる。このころはもう気温は零度以下だから戸外に置かれた肉はすぐに凍ってしまう。

冬になると冬営地にゲルを移す。冬営地はなるだけ北風が避けられる所でなければならない。冬の北風はものすごいからである。さらになるだけ雪の少ない所でなければならない。家畜は雪を蹄でのけてその下の草を食わねばならないからである。冬の間、家畜たちは乳を出さない。だから秋の終わりに用意しておいた肉を食べることになる。家畜たちにとっては冬は大変だが、人びとは冬をそんなに嫌っていない。ゲルの中ではいつもストーブの火が燃えていて、暖かく、すっぽりと雪に包まれた世界は軟らかく落ちついていて平和そのものだから、という。

日本と違って春は人びとにとっては最も嬉しくない時期だという。雪が解けだすと、まわりはビチョビチョになるし、一気に蚊やブヨが大発生する。それに、猛烈な黄塵が襲ってくる。日本のように桜が咲いてお花見の時期だといったものとはだいぶ違う。こんななかで家畜は子を産むので、人びとは大馬力をかけて忙しく働きださねばならない。

そして、夏になるとまた元の夏営地に移る。これが遊牧の一年である。

遊牧の技術と社会

ところで、ここで、普通の混牧農業、例えば先に見たオランダの牧畜との違いを一度整理しておこう。遊牧の特徴の第一はすでに見たように生活の一〇〇パーセントを家畜に頼っていることである。農業への依存度はゼロである。オランダだともちろん農業もやっている。第二に家屋は持たず、常に家畜についてまわってキャンプ生活をしている。この二点は決定的に違う点である。

さらに詳しく見れば、牧畜技術という点に限ってみても両者の間には大きな違いがある。遊牧ではハーディングという技術が大変大事である。牧畜にはハズバンドリーという部分とハーディングという部分があるという[16]。ハズバンドリーは交尾、出産、保育、搾乳に係る部分で、これは舎飼いでも遊牧でも、いずれの場合でも必要とされるものである。ハーディングはこれとは違って群の統御という仕事である。例えば、一〇〇〇頭の羊を二人で見張って放牧するとする。これはなかなか大変である。放っておけば群は分散し、迷子になる羊が出たり、狼に襲われたりする。自由に歩き回らせながら、なおかつこんなことの起こらないように群を守らねばならない。これは実際にはなかなかの技術がいるのだが、これがハーディングである。混牧農業だと基本は舎飼いだし、放牧といっても柵の中での放牧だから、こういう仕事はいらない。ハーディング技術を極度に発達させたもの、これが遊牧ということになる。
ハーディングが必要だということから、逆に今度はそれが原因になって遊牧の社会の性格が規定されるようなことも起こっている。例えば、モンゴルで見られるホタアイルなどはその例である。四、五家族が固く結びついていて、ホタアイルという経営共同体をつくっているのだが、これなどもこの遊牧の特殊性から出てきている。

理由はこういうことである。先にも述べたように各戸は五畜を持っている。ところが五畜はそれぞれに好みの草も違うし、行動パターンも違う。だから、五畜をごちゃまぜで放牧しようとしたりすると、それは手間ばかりとって能率が大変悪いことになる。それで、羊は羊、牛は牛、馬は馬といった具合にまとめて放牧しようということになる。要するにハーディング技術を生かせる最適サイズの家畜群を集めて共同経営したほうが得だということになる。ホタアイルという結合が出てくるのである。ホタアイルに似た協力の組織は遊牧社会では広く見られる。

遊牧世界にはまたいかにも遊牧社会ならではの価値観も出てくる。例えば尚武の気風である。遊牧をやるためには馬を乗りこなし、敏捷であり、また勇敢であらねばならない。なにせ、相手は狼なのである。遊牧民の間では四、五歳からこういう方面のトレーニングが厳しく行なわれる。遊牧民が尚武の気風を強く持った社会をつくっているというのはこういうことと直結している。

中国新疆省でカザフのキャンプサイトを訪れたときのことである。はるか上の斜面から、矢のように急降下してきた二つの影があった。それがピタリとユルタ（ゲル）の前に止まると、私たちをユルタに招き入れてくれた。二人はまだ七、八歳かと思われる男の子だった。すぐに老人が現われて、老人のマンドリンの演奏で二人は見事な踊りを見せてくれた。普段は広大な天山山脈の斜面を若武者よろしく駆けまわっている少年である。それが、ひとたび客があると一気に駆け降りてきて、テントに招き入れ、すばらしい踊りで歓迎してくれる。この少年たちの男性的でスケールの大きなこと、それにもかかわらず人をそらさない社交上手に私はただ圧倒されるばかりだった。

農業のできない草原

オアシス灌漑農耕民が草原という環境に出、そこで特殊適応したのが遊牧民だというような前提で章立てをつくっているのだが、ここの関係をもう少し詳しく議論しておこう。

前にオアシス灌漑農業の節（一—1）では農業のみを詳述したが、実際にはそのオアシスの周辺の砂漠や草原には初めから牧畜が存在していたのである。そもそもいちばん最初から考えると、あの肥沃な三日月帯の斜面には野生のムギと羊や山羊がいたのである。そのうち前者がオアシスで灌漑農業に発展し、後者が砂漠や草原にも拡散して、そこでいろいろの牧畜に展開していったのである。おそらくはこういう状況のなかで、草原地帯においては北方森林から狩猟民の到来があって牧畜は一段と技術を高めていったのである。本来、北方森林は狩猟の場である。マンモスのいた昔から象や鹿や熊などの多くの動物を狩っていた。彼らは動物を扱い慣れていたのである。

草原ではなぜ農業が欠落し、牧畜ばかりが伸びていったのだろうか。農業ができなかったのは草原の気候条件が農業にはまったく不向きだったからである。第一に、ここの降雨量は農業を行なうには少なすぎる。それにもうひとつ猛烈な風も問題である。一度私はモンゴルで畑のつくられている所を見たことがあるが、それはひどいものだった。そこだけ草の取り去られた畑からは土が猛烈な勢いで吹き飛ばされていて、畑の風下には小さな砂丘ができていた。裸地にした場合にはそこの風蝕が大問題なのである。

ひょっとするとイナゴやバッタの害も大変なのかも知れない。これは草原ではなく、熱帯の湿地林での話だが、そこで稲をつくった。するとまわりの森からどっと鼠が押し寄せてきて稲を全滅させてしまった。東南アジアの湿地林を開いて稲をつくろうとしたとき、きわめて頻繁に起こった現象がこれであった。草原の場合も似たようなことが起こる可能性が絶大である。まわりの草原にはイナゴやバッタがいっぱいいる。畑を開いたりしても、彼らはせっかくつくった作物を襲って一気に食いつくしてしまう。

こういうことがあって、草原には農業が現われず、もっぱら人びとは動物に頼って生きた。そんなふうに私は考えるのである。

騎馬民帝国

草原にはいくつもの帝国が現われては消えていった。鮮卑（二世紀）や柔然（四世紀）や突厥（六世紀）や契丹（一〇世紀）やモンゴル（一三世紀）等々である。彼らは次々と北の森林地帯から現われては騎馬を中心とした帝国を建てた。そして力にものをいわせて、南にある中国やオアシスの町々を圧迫した。

これらの歴史の背景を知ろうとすると、彼らの牧民としての局面と同時に、もうひとつ大変大事な局面、騎馬民という局面を知っておかねばならない。彼らが今でも自分たちのアイデンティティの根幹にしているのはこの騎馬民という一点である。

騎馬民は強弓を手に駿馬を駆って町々を征服してまわった。ハーディングのために幼少の時から馬を駆って野山を駆けめぐった人たちである。統率者のもとに、大集団をなしたら、強大な武力になることは間違いない。さらにもともとキャンプ住まいで移動を苦にしない人たちだから、長駆の大遠征のノウハウもちゃんと持っている。戦闘集団をつくるときには兵士一人当たり一〇頭もの馬を引きつれて、替え馬がいつでもできるような準備を整えて戦に出たのだという。

騎馬軍団は実際大変強かった。それで、ヨーロッパ人は恐れおののき、いろいろの神話をつくり上げた。遠征をした軍団は町を落とすと住民を皆殺しにし、城門の前に生首の山を築いては風のごとく次の都市の攻撃にいった、といった類の話である。今でもヨーロッパの一部では泣きやまぬ子どもには、「いつまでも泣いているとタタールがやってくるよ」というという。タタールとは韃靼すなわちモンゴルのことである。

モンゴルに対する世間の印象はヨーロッパの影響を受けて大変悪い。暴力、残忍、反文明の代名詞になっている。しかし、これは大きな誤りである。悪意に満ちた中傷というべきだろう。本当のところは一三、四世紀のモンゴル帝国などは、今のアメリカ合衆国と同じようなものだった。その時代の世界をリードした大文明であったのである。騎馬民族の正しい理解のために、少しこのことを書いておこう。

モンゴル人たちは確かに騎馬軍団をつくってオアシスの町々を次々と攻略した。大中国さえ倒して、文字どおりの世界帝国を建設した。しかし、オアシスの人たちや中国人を皆殺しにしたのではけっしてない。むしろ、彼らを使って世界経済の活性化を図った。当時すでに中国・インド・地中海を結ぶ交易にはきわめて活発なものがあった。バグダッドやカイロに本拠を持つイスラーム商人が活発に動いていたのである。ただ、この交易は、必ずしもどこでもスムーズに行なわれているというものではなかった。地方には在地勢力が割拠していて、彼らの妨害で流れの止まることもしばしばであった。モンゴルはこんな状態に大なたを振るい、妨害者を亡ぼし、風通しをよくしたのである。こういう処置をしたうえで、イスラーム商人を起用して、ユーラシア全域に広がる一円的な経済圏をつくらせた。インド洋に広がる海の世界はもともとイスラーム商人の世界であった。モンゴルが草原と砂漠の道を整理すると、これで海と陸を連ねるアジア循環路が完成したのである。

こういう新しい時代、新しい世界秩序をつくったのがモンゴルである。世界中に生首の山を築いていくのが楽しみで、世界中を駆けめぐったのがモンゴルだといったようなヨーロッパ人の暴論はいい加減にやめてもらわねばならない。この新しいモンゴル像は杉山正明が『遊牧民から見た世界史』（一九九七年、日本経済新聞社）ではっきりと述べている[17]。

もうひとつ、騎馬民の人種ということについても触れておこう。「騎馬民は草原の民である」ということはいえそうである。だがそれ以上に多くのことをいおうとすると間違いを犯すことになる。例えば、「モンゴル族は草原に住む騎馬民族である」といおうとすると、もう少し誤りが出てくる。あるいは、モンゴルより少し早く草原で覇を唱えたウイグルというのがいるが、「ウイグルは草原に住む騎馬民族である」といってしまうとかなり大きな間違いになる。

これはこういうことである。先に議論した北方林・草原・オアシスという帯状構造を思い出していただきたい。チンギスカンの先祖たちはもともとは北方林で狩猟を多くしていたのである。だから彼らはもともとは草原の民ではない。森林にも深くかかわっていた。ウイグルについても同じことがいえる。そのウイグルもチンギスカンやその子孫たちが覇を唱えるようになると騎馬民であることをやめ、商人としてチンギスカンに仕えることになった。ウイグルは草原に自分たちより強い騎馬民族が現われたとき、南接するオアシスになだれこんでそこの主人になったのである。彼らはそこに支配者として入り込むとオアシスの住民と混住・混血し、東西交易を活発にやるようになった。さらに、仏教・マニ教・キリスト教を合わせて特異な高い文化をつくり上げた。こういう人たちだったから、チンギスカンは彼らに目をつけ、商人として活躍させ、さらには多数を文官としても登用したのである。

こういう歴史を見ると、ウイグル人は草原の騎馬民なのか、オアシスの商人なのかわからないということになる。

模式的に見ると次のようなことがいえる。草原には北方林から狩猟を多くやる民が出てきて勢力を伸ばし、覇を唱える。そして、さらに勢力を伸ばしてオアシスを含めた中央アジア全域の支配まで進む者もあれば、ウイグルのように草原で破れてオアシスになだれこむ者もいる。なかにはフビライのように中国そのものに入り込んだ者もいる。彼らにとっては北方林と草原とオアシス、いやときには華北の平野さえひと続きということになるのである。狩猟民が騎馬民になり、さらには商人に転進していったという事例は歴史上いくつもあった。騎馬民というときにはそういう視点もまた持っておかなければならないのである。

遊牧世界の衰退

大陸的な規模で考えたとき、遊牧民は右に見たようなきわめて雄大な動きをしたのだが、最近の彼らの衰退はやはり否定しえない。遊牧民は実際、きわめて長い間、歴史の主舞台にいた。前六世紀、世界最初の大帝国アケメネス・ペルシャが生まれたとき、それを苦しめたのはその北にいた遊牧民のスキタイだった。中国の漢王朝も遊牧民匈奴にはさんざん手こずった。そのころから遊牧民は強くて、ついに一三世紀には遊牧民の世界帝国が出てきたのである。

しかし、一七世紀になると凋落が始まった。大砲や鉄砲が普及すると、強弓も威力を持たなくなったのである。やがてロシアと中国が膨張してきた。遊牧民の干（ハーン）国はどんどん支配域を狭められ、そのうちロシアと中国の両方に貢納をさし出さねばならないような状態になった。政治力だけでなく、遊牧という生業そのものが凋落していった。方々で強国により土地が囲いこまれ、そこから閉め出されてしまうと、遊牧の規模はぐっと縮められた。それればかりか彼ら自身が生産の一部を農耕で埋めるというようなことも起こってきた。先に紹介した天山北面のカザフも実はそんな状況になっていた。彼らは谷間に木造の小屋を建て、その近くでコムギをつくりながら、遊牧を続けていた。多くの人たちが今ではこういう折衷型に移行してしまっている。

今、本来の姿の遊牧が大々的に行なわれているのはモンゴル共和国だけではなかろうか。トルコでもイランでも遊牧民はまだ完全には消えていないが、その数は極端に減ってしまっている。それぞれの政府が、遊牧は遅れた生産様式であり、これはやめさせねばならないと思っているからである。

変貌する遊牧民にかんしては松原正毅の『遊牧民の肖像』(一九九〇年、角川書店)が面白い。[18] ついこの間までは遊牧民の世界であったアナトリア半島も今ではすっかり、農業の空間になり、遊牧民は山に追い上げられて窮屈な生活をしている。その様が描いてある。縮小はしているのだが、しかし、今でも彼らは遊牧民としての矜恃を持ち、正統的な遊牧民の生き方にこだわり続けている。農耕民のように欲にとらわれて物を持ちすぎたり、あるいは複雑な人間関係に悩まされるのではなく、身軽に、大自然の中に颯爽と生きている。それを見ていて何とさわやかなことかと著者は感慨とともに述べている。農耕民の生き方に比べると、確かに遊牧民の生き方は、さわやかさの一語につきる。

二、アフリカの農・牧業

アフリカ農業の基本はミレット農業である。そこに後には北から牧畜も入ってきた。広大にして多様なアフリカの農牧業の全体像はけっして出しえないのだが、その代表的な事例のいくつかを紹介してみたい。

1 アフリカの地域差

事例の紹介に入る前にアフリカの農・牧業の地域区分について簡単に触れておこう。そうしないとアフリカについて偏ったイメージを持たれるおそれがあるからである。結論からいうとアフリカは図20に示したように、根菜農業地帯①、ミレット農業地帯②、それにムギ農業地帯③とでも呼んでよいような三つのものからなっている。

この三つの農業地帯は実は植生区に対応している。根菜農業は熱帯多雨林地帯にある。アフリカはコンゴ盆地の熱帯多雨林を中心にその外側に植生が貧弱になる同心円構造を示すのだが、その中央の熱帯多雨林が根栽農業区である。熱帯多雨林の外側に広がるサバンナ帯がミレット農業地帯にあたる。その外側は砂漠になり農業を欠く。しかし、地中海沿岸に到るとまた少し降雨があり、ここにはムギ農業が広がってくる。

ごくごく簡単に各農業区の概要を述べておこう。

根栽農業区は熱帯多雨林に阻まれて人があまり住んでいなかった所である。後になるとアジアからヤムイモと食用バナナが導入されて、いわゆる根栽農業区をつくったのだが、今でもその農業的利用はけっして大々的なものではない。地中海沿いのムギ農業地帯は第二章—一—1で述べたナイル・デルタの灌漑ムギ農業の西の延長にあたるものである。

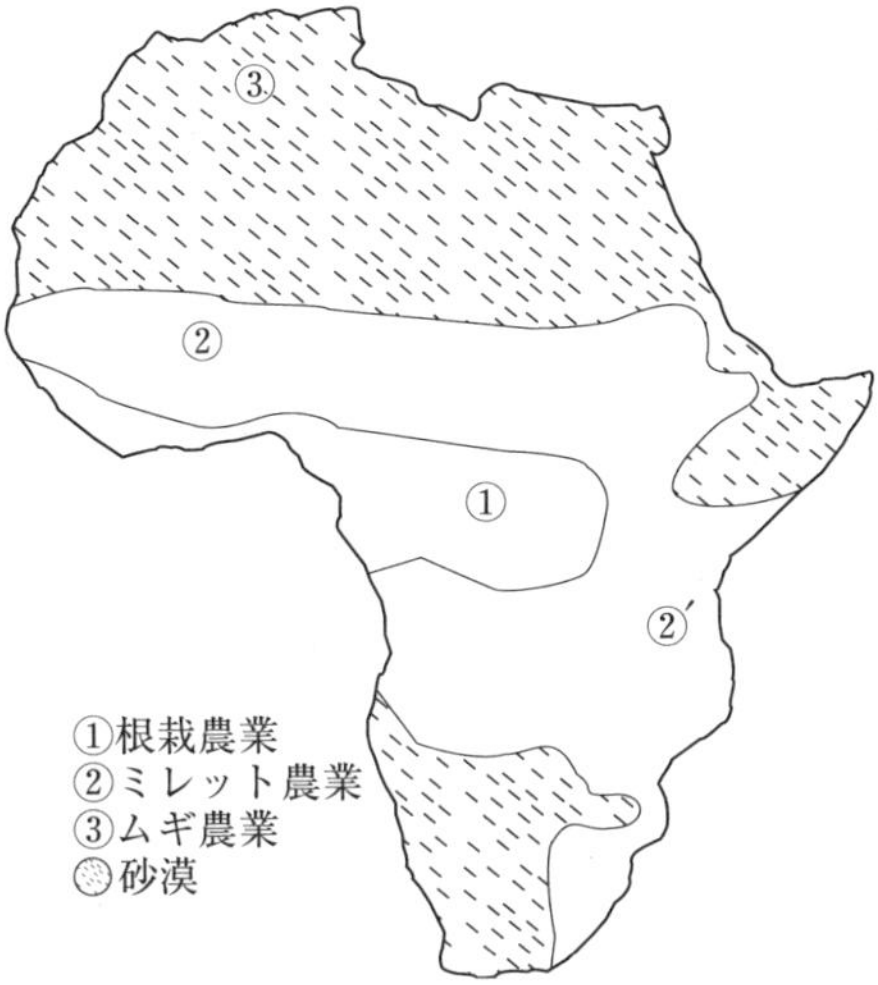

図20　アフリカにある3つの農・牧地区

ナイル・デルタでは大規模な灌漑が行なわれているが、西へ行くとアトラス山脈の山麓で、たいした灌漑施設もなしにムギがつくられる。等高線沿いに簡単に土手を築いて、そこにわずかの降雨を一時保留して、その水分でムギをつくる。面白いのはこうしたムギ畑には一緒にオリーブやナツメヤシが植えられていることである。オリーブの下にムギがつくられている様はいかにも地中海農業の北アフリカ版という感じがする。

ミレット農業地帯だが、これがまた地方差があって、ちゃんと述べようとすると少なくとも二つに分けて述べなければならない。第一はニジェール川沿いを中心とする西アフリカの平坦地に広がるものである。ここには最も典型的な、あるいは標式的なミレット農業が見られる。第二はずっと東のリフトヴァレー沿いのものである。ここは山地や高原になっていて、ここでは複雑な地形を反映して、ミレット農業のいろいろの地方的展開が見られる。これは図20で②′として示した所である。

アフリカには、右に述べた根栽系、地中海系、ミレット系とでもいうものとはまた別に、牧畜がきわめて重要になったような所もある。本来のアフリカは家畜を欠いていた。しかし、後になると、北方から家畜を受け入れて特異なアフリカ型牧畜区というようなものをつくるのである。これはけっして大面積を占めるのではないのだが、モンゴルの牧畜などと比べると、ずいぶん違うので、これも少し見てみたいのである。

2 ミレット農業

アフリカの農業の中心はミレット農業地帯である。このミレット農業地帯がさらに二地区に細分されたのだが、その二地区を仮に西アフリカ地区、東部高原地区とし、それぞれについてその内容を窺ってみよう。

(1) 西アフリカ地区——よく見られる半栽培

ニジェール川の恵み　最近、私は同僚の応地利明さんにマリとニジェールに連れていってもらったので、そのときに見聞したことを書いてみたい。

このあたりの西アフリカには山がなく地形は平坦である。そこに南部のやや密度の高い林から北部のほとんど砂漠に近い荒地までがきれいな帯状をなして広がっている。樹木密度の高い南部の林では、林床に草が多い。多くは一メートルに達するような長大な草である。その地盤はラテライト質（酸化鉄を多く含み、赤色をした硬い土）であり、けっして肥沃とはいえない。北へ行くと、砂原が広い面積を占め、その間に灌木を点在した草原が広がる。草は一〇～二〇センチメートルのもので、なんとも貧しい。平坦地にはそれを切りこんだ浅くて広い谷がときに見られるが、そこには黒光りのする粘土がある。これは乾燥地帯に現われる塩類土壌である。西アフリカ地区はこうして、全体として見るとラテライトと塩類土壌が卓越し、農業を行なうには必ずしも好適な所には見えない。

だが、そんな西アフリカにも、例外的な所が一ヵ所ある。それはニジェール川沿いである。ここにだけは水があり、生命に満ちている。ニジェール川は図21にも示したように、西アフリカの西南隅のシエラレオネあたりの熱帯林地帯に発し、北東流して、マリのサバンナ地帯を横切り、トンブクトゥの近くで今度は南東流して、ニジェール、ナイジェリアのサバンナを通過し、ギニア湾に出ている。

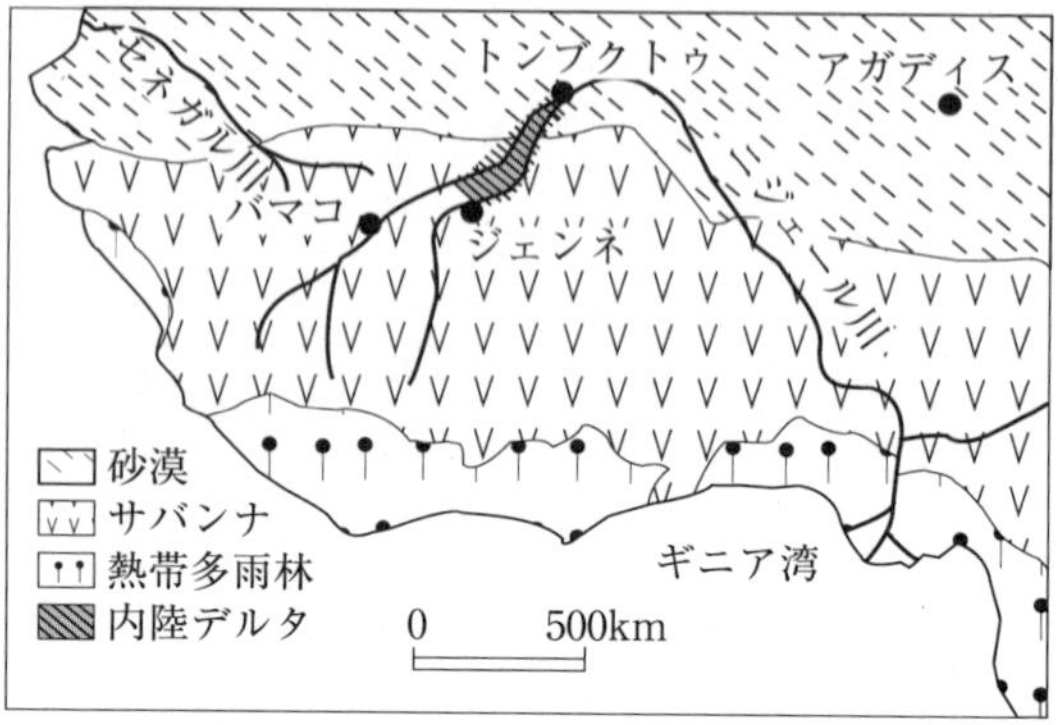

図21　ニジェール川沿いの生態図

この川の大きな特徴はトンブクトゥに達する手前で幅一〇〇キロメートル、長さ五〇〇キロメートルに達する超巨大な乱流地帯をつくっていることである。ここでは何十本もの川が分かれては合し、また分かれて、いわゆる内陸デルタをつくっている。

十一月、私たちがこのデルタを訪れたときにはもう減水期に入っていて、満水期に比べると水位は一・五メートルぐらい下がっているということであった。川はまだ雄大に流れていたが、いたる所に大きな中洲ができていた。夏の満水期にはこうした中洲のほとんどは水没し、幅一〇〇キロメートルの全体が大きな一つの湖のようになるという話だった。逆に二月、三月には、十一月のものよりさらに四メートルぐらい減水して、川は細り、あるいは消え、全体が砂洲の集まりのような格好になるということだった。

私たちが訪れたときもこの内陸デルタにだけは大変多くの人たちがいて、忙しげに働いていた。まず目についたのは魚捕りである。刺し網を上げる人、投網を打つ人がいたる所で見られた。皆、二人で組んで独木舟に乗り、作業していた。砂洲では捕った魚を草の上に並べて干していた。ボゾ族である。この人たちは漁業の専門家で水の多いときはもっと細い流れで魚をとるのだが、減水しだすと大きな流れに出てくるという。

現われ出した中洲にはその水際にギッシリと緑の草が広がっていた。イネ科が多い。種の同定はできなかったが、明らかにヒエの類、ヌエビ草の類があり、それに野生稲があった。それを盛んに刈り取っている。飼料にしようとしているらしい。話によると、サバンナの北部にはフルベという牧畜を専門とする種族がいて、減水期になると、牛群をこの中洲地帯につれてくるのだという。水の引いた内陸デルタはイネ科の草で覆われ、格好の放牧地になるからである。

中洲では稲の刈り取りを見た。インディカ稲であった。ちょうど水深が適当になると思われる所を選んで、鍬で土を引っかき、そこにバラ播きしたものである。増水期に生長し、こうして減水期の十一月末に刈っているのである。私の見たものは水の掛かりが悪かったのだろうか草丈は短く、しいながきわめて多かった。こうして私の見た田は必ずしもよくできていなかったが、稲はかなり多くつくられていた。マルカーと呼ばれる人たちが稲作を多くするらしい。

こうして、ニジェール川、とりわけその内陸デルタの部分は特別に豊かな所なのである。漁業がきわめて盛んに行なわれ、稲作が行なわれ、乾季になると放牧地になる。まわりのサバンナ地帯がすでに見たように、土が悪く、おまけに水不足であるのに比べると、ここはまさに巨大なオアシスだと考えてよいのである。後で述べるが、この巨大オアシスがアフリカのミレット農業の発生と切っても切れない所なのだと私は考えている。

内陸デルタは豊かな生産地である以上にもうひとつ重要な意味を持ち続けていた。交易の幹線路である。先に内陸デルタはトンブクトゥで終わるとしたが、内陸デルタの始点にはジェンネというもうひとつの町がある。北のトンブクトゥはすでに砂漠地帯の中にある。ここからサハラ砂漠を越えていくと地中海に到る。南のジェンネから南に行くとサバンナから熱帯多雨林になり、ギニア湾に出る。トンブクトゥとジェンネは地中海とギニア湾を結ぶ交易の重要な拠点になっているのである。

図22　干上がったニジェール中流部の川岸に現われた市場

トンブクトゥには一二世紀にトアレグ族がラクダ・キャラバンの基地をつくっていた。ジェンネには八世紀の昔から港があったのだが、一三世紀にはそこにいたボド族の王はイスラームを受容し、交易がきわめて活発になっていた。イスラームに改宗した王はここから金、象牙、鉛、コーラナッツなどをトンブクトゥに送り出したのである。コーラナッツとはアオギリ科の植物だが、その種子はカフェインを含んでおり、地元民が興奮剤として噛む。後にはコカ・コーラの原料となった。二つの港を結んで船を動かしたのは、漁民でもあったボゾであった。こうして、内陸デルタは一三世紀の昔からずっと、アフリカの南北を結ぶ交易の大幹線でもあり続けたのである。今もその活況は続いている。

内陸デルタはこのようにきわめて賑やかな所なのだが、ミレットの栽培そのものはあまり行なわれていない。ミレットづくりはむしろサバンナの台地で行なわれる。

ミレット栽培

私の見た例を述べてみよう。

最初に見たものはマリの首都バコマの西である。西アフリカのサバンナのなかでは比較的木の多い所である。疎林の中に突然、六、七ヘクタールの所が開けていて、そこに七〇人ぐらいの人たちが働いていた。性別、年齢別に仕事の分担があるらしく、同じぐらいの年格好の人たちが一団となって仕事をしていた。

モロコシの収穫であった。それにしても何と見事に育ったモロコシなのだろう。低いものでも背丈は三メートルぐらいに伸びている。茎の直径も太いものは三センチメートルぐらいある。少年組の一〇人ほどが、それぞれに根本を強く踏み込んでそのモロコシを倒している。すると、壮年組らしいのが、刃渡り一〇センチメートルほどのナイフで、倒されたものから穂を切りとっていた。なるほど、こうして踏み倒さないとそのままでは高すぎて、穂に手が届かないのである。穂はゆうに三〇センチメートルの長さがある。こうして摘まれた穂を若い女たちが頭に載せた籠で車に運んでいる。車はロバの引く荷車であった。畑の中にはカリテ（油をとる実をつける木）とカポックとニガキがところどころに立っていた。

この人たちによるとここは焼畑で、初年度はこうしてモロコシをつくるが、次の年は棉、続いて落花生、そして第四年目にバンバラマメをつくって、その後は放棄するのだという話であった。

応地さんは何人かの人たちから、聞き取りをしていた。その結果を流用させてもらうと、こういうことだそうである。この近くではモロコシを中心にし、それにトウジンビエや落花生を組み合わせた輪作が基本である。例えば、ある所では第一年目と第二年目はモロコシ、第三年目は落花生、第四年、第五年は休耕にして、第六年目以降、またモロコシ・モロコシ、落花生という輪作を繰り返すのである。また、別の所ではモロコシ・トウジンビエ・落花生・トウジンビエ・落花生と続く五年輪作である。

面白いことは、モロコシにしろトウジンビエにしろ、その種子には雑穀一リットルに対して、〇・一～〇・二リットルぐらいのササゲを混ぜていることである。雑穀は、五〇～六〇センチメートル間隔で穴を穿ち、一穴ごとに三粒ぐらいを点播していくのだが、こういうふうに混播しているから、雑穀畑にはササゲも一緒に育っている。

畑は完全な天水畑で、雨の降りだす六月ぐらいから作業を始める。柄が四〇～五〇センチメートルしかない短い鍬で粗雑に掘り起こしていくのだが、播種にはまた別の小さい鍬を用いる。芽が出ると除草が必要である。除草にはまた別の鍬がある。鍬はいずれも柄が短い。ときにフォニオをつくるこ

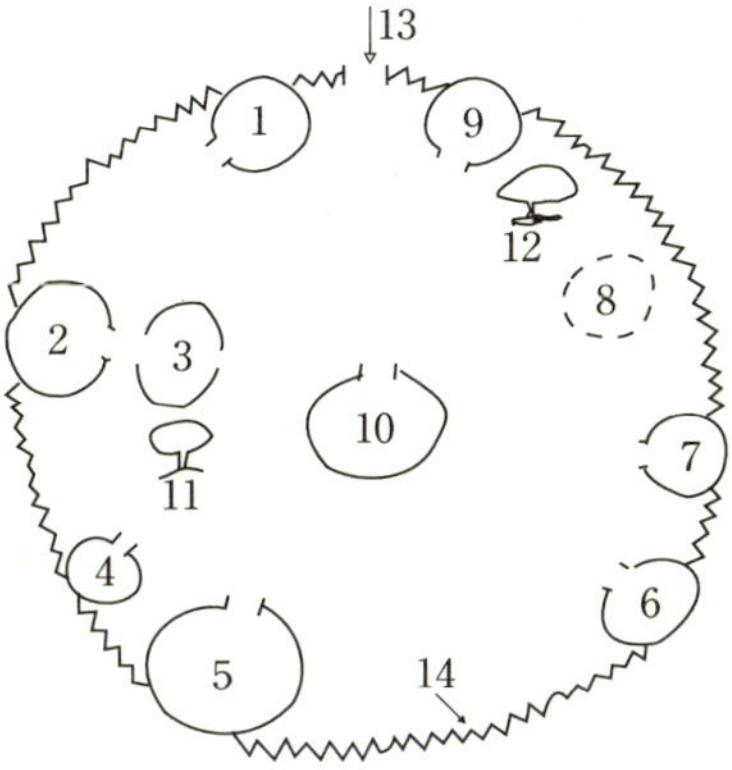

1　女の家
2　女の家
3　炊事場
4　穀物小屋
5　主人と正妻の家
6　炊事場
7　穀物小屋
8　山羊囲い
9　炊事場
10　サロン（雨の日などに集まる）
11，12　ニガキ
13　入口
14　柵

図23　3人の妻を持つ男の屋敷

ともある。これはメヒシバに似た雑穀で、きわめて小さい粒をつける。これはバラ播きである。除草が大変だが、それが終わると鳥追いが大変である。パチンコで石を飛ばし、空き缶を叩いたりして、ほぼ四六時中見張らなければならない。モロコシもトウジンビエも足で踏み倒して、穂だけを切りとるのだが、フォニオだけは鎌で根刈りする。鎌はエジプトなどで用いられる深く彎曲したあの鎌である。

集落

ついでに、ここの人たちの住み方のほうも見ておこう。図23は三人の妻を持つ男の屋敷である。一人の男が複数の妻を持つことはそんなに珍しいことではない。柵で囲われたこんな屋敷が十数個集まって一つの集落をなすことが多い。バンバラ族の場合だと父系の血縁集団をなし、集落には長がいて、その権威は大きい。そして、人びとは年齢階梯制を持っているという。先に農作業で見たように、似た年齢の者が集団になって働くのである。

さて、土地だが、土地そのものは精霊の持ち物だと考えられている。草分けが精霊の許可を得て、村長の指示のもとに農業を行なうのである。より正確にいうと畑は三種類あって、それぞれに少しずつ違った性格を持っている。精霊に属し、村長が係る畑はミレットをつくる大きな畑である。ほかに二種類ある。それらは女たちが個人的に持っている畑で、そのうちのひとつは各家の屋敷にくっついたごく小さな畑である。そこにはイモやバナナやパパイヤ、オクラ、ゴマなどが少しずつつくられている。いわゆるキチン・ガーデンである。もうひとつは、必ずしもどの集落にもあるというわけではないが、小川があったりすると、その脇に小さな灌漑畑がつくられている。バケツで灌水してタマネギをつくったりしている。これはごく一部の女がつくっていて、そこでつくったものは市場に売りに出て小遣い稼ぎをしたりしている。

さて、先にも述べたように同じサバンナといっても北に行くと乾燥は一段と強くなる。すると、それに応じて農業のやり方も少し変わってくる。モロコシに替わってトウジンビエが多くなる。トウジンビエはモロコシに比べてはるかに乾燥に強い作物だからである。しかも、そのトウジンビエの背丈が低くなる。だから、踏み倒しは行なわれないで、そのままの状態で穂摘みがされる。動物が増えてきて、しばしば羊や山羊、ときに牛の刈跡放牧が見られるようになる。丸型の家に代わって四角い家も現われる。こうして、景観が南に比べるとずいぶん違ったものになる。だが、耕作の基本は同じである。例えば、トウジンビエ・トウジンビエ・落花生・休耕・休耕といった五年単位の輪作が行なわれる。そして、そのトウジンビエにはササゲが混播されたりする。

西アフリカのサバンナ帯は結局、ミレットとササゲを混播し、それと落花生を輪作する鍬耕農業であるということになる。

重要な半栽培

先にニジェール川の内陸デルタは恵まれた所で、大変賑やかな所だといったが、おそらくは狩猟採取の太古の昔からそういう所であったに違いない。中尾佐助は次のようにいっている[19]。

「広大な湖のような水面をボートが走っていく。緑の浮島のような水生植物の大群落が現れてくる。野生稲、野生ヒエ、ヌメリ草の仲間（Succiolepis interpta）などが、それぞれにたいてい純群落になって、数ヘクタールほどの浮島になっている。（中略）これら三種の禾本科の群落の種子は、みんな食用として採集利用されている。まさに、天然のままの大水田がそこにある。採集法は簡単だ。これら群落の中に丸木舟を乗り入れて、熟した穂を棒でたたけば、船の中に穀粒が降りこんでくる。ほんとうにすばらしい場所だ」（『ニジェールからナイルへ』一九六九年、講談社、二二ページ）。このほかに、草や藻の新芽が多く利用されていることを述べて、「ニジェール川の草はどうやら全部が食用になるようだ」（二三ページ）と述べている。ニジェールの川筋はほんとうに恵まれた所なのである。

ニジェール内陸デルタは天国のような所なのだが、そのまわりのサバンナも採集ということになればかなりいい所である。先にサバンナの林床には丈の高い草が多く、北の乾燥帯では短いイネ科が多いと述べたが、それらのイネ科のいくつかは採集され食糧にされているらしい。ただ、粒はいずれもきわめて小さい。日本人は穀粒というとコメやムギを想像してしまうが、そんなものはほとんどなく、長径が一、二ミリメートルといった小粒のものばかりである。小粒だが、それでもいったん利用法さえ確立してしまえば結構生活の支えになる。そして、こんなものまで食糧として数えるとサバンナは、ずいぶん豊かな所ということになるのである。

中尾は雑穀以外にも多くの植物が野生や半栽培の状態で用いられているという。マメ類に多くそういうものがある。固いマメ類は調理に工夫がいるのだが、それを克服して野生や半栽培のマメ類を多く利用しているという。野生の果菜類なども多く利用している。先に収穫中のモロコシ畑の中にカリテという木が立っていることを述べたが、この常緑樹の堅果は重要な油脂原料になっている。ほかにタマリンド、パルキア、バオバブ、パルミラヤシ等々が用いられている。タマリンドとパルキアはともにその果実からミソに似た調味料をつくる。バオバブとパルミラヤシは果肉を生食する。

モロコシ、トウジンビエ、ササゲなどが、確立した栽培植物としていわゆるミレット農業の中核をなしているわけだが、その周辺には、こうした半栽培ないしは野生の植物が予備軍として大量にひかえている。このことが西アフリカ農業の最大の特徴である。

(2) 東部高原地区――森が増え、イモがよくつくられる

東部高原地区も基本的にはミレット農業の系列に入るものだが、ここは山がちであり、高所と低所、斜面と谷筋があり、それに応じて、その農業のやり方は少しずつ違ったものになっている。森が西アフリカのそれよりも深いということも農業の仕方を少し違ったものにし、また人びとの世界観も西アフリカのそれとは違ったものにしている。ここでは掛谷誠の報告に従って、この地区の代表的と思われる二つの事例を紹介してみたい。

多様な焼畑

二つの事例のうちのひとつはタンガニカ湖にのぞむ山地に住むトングウェの例であり、今ひとつは、そのすぐ南にある高原状の疎林帯に住むベンバの例である。前者については、掛谷誠「伝統的農耕民の生活構造――トングウェを中心として――」(伊谷純一郎・田中二郎編著『自然社会の人類学』一九八六年、アカデミア出版会所収)に、後者については掛谷誠「焼畑農耕社会の現在――ベンバ村の一〇年」(田中二郎ら編著『続自然社会の人類学』一九九六年、アカデミア出版会所収)に頼って紹介していく。[20][21]

トングウェの場合は次のようなものである。ここはだいぶ湿潤側によったサバンナ地域であり、疎林と密林がモザイクをなしている。疎林の部分はその林床に背丈を超すようなイネ科の草がいっぱい生えている。乾季になると多くの木は葉を落とし、草も枯れる。そして、そこにはしばしば野火が起

こる。こんな所でトングウェの人たちは次のようにして焼畑を行なっている。

「男たちは、乾季が進んだ七月になると、あらかじめ選定しておいた森に通い、山刀で蔓を刈り払い、斧で木を伐り倒す。伐採した蔓や樹木はそのまま放置して乾燥させる。乾季も終わりに近づいた頃、人びとはそこに火入れをして焼畑を造成する。雨季が始まると、女性は勾配の急な斜面を登り降りしながら鍬で穴を掘り、トウモロコシとインゲンマメ、カボチャなどの種子を植え付ける。主食用のトウモロコシの収穫は、雨の勢いが衰える四月まで待たなければならない。このような焼畑は、ときに二～三年耕作することもあるが、原則的には毎年開墾し、そのあとは放棄して休閑地とする。湖岸部の近くに住むトングウェは、主として二次性草原を開墾して、栄養の乏しい土壌でもよく育つキャッサバを栽培する。[20]」（掛谷、一九八六年、二二一ページ）

すでに述べたように、ここは山地でその高低差はかなりある。タンガニカ湖の湖畔だと海抜七七〇メートルぐらいだが、山地の高い所だと二〇〇〇メートルを超す。これだけの高度差があるから、土地利用にも、かなりの差が出てくる。湖岸だとキャッサバを多くつくる。それと湖での漁業を盛んにする。一方高所ではもっぱらトウモロコシが中心で、それに狩を多くする。中間の高度ではトウモロコシとキャッサバが適度な割合でつくられているようである。

こうしてトングウェの場合は山地でどちらかというと原型に近い焼畑を行なっているのである。だが、同じ東部高原地区でも高原に住むベンバ族はずっと進んだ焼畑をやっている。チテメネがそれである。これについては次のように述べられている。
「五月から始まる乾季の間に、村の男性たちは、あらかじめ選定しておいたミオンボ林に通い、木に登って斧一本ですべての枝を切り落とす。ベンバ語で『クテマ』と呼ぶ作業である。チテメネという焼畑の呼称は、この動詞に由来している。危険な作業だが、男性たちは、『これがベンバの男の仕事だ』と胸を張る。女性たちは、三〜四週間放置して乾燥させた枝葉を伐採地の中心部に運ぶ。一回の運搬量は、二〇キログラムを超すが、女性たちは黙々と働く。枝葉は、耕地の六倍の広さの伐採地から集めなければならない。そして、雨季が始まる直前の一〇月末に、ほぼ円形状に積み上げられた枯れ枝に火を放つ。こうして、厚い灰に覆われたチテメネ（焼畑）が造成される。[20]」（掛谷、一九八六年、二〇六〜二〇八ページ）
こうしてつくられたチテメネにはシコクビエがつくられる。シコクビエはバラ播きし、鍬で土をかける。同じ畑にキャッサバも少し植える。シコクビエは半年足らずで収穫するが、キャッサバは一年ほどしてからとる。二年目には落花生、三年目にはキャッサバがつくられ、その後は放棄される。シコクビエ・落花生・キャッサバの輪作が基本である。
東部高原地区ではシコクビエが多くつくられるが、これについては少し付言しておかねばならない。シコクビエはその起源地がエチオピアかその近くの東部アフリカだといわれている。西アフリカがニジェール川の周辺起源のモロコシ、トウジンビエを中心にミレット農業をつくり上げたと同じように、ここ東部高原地区では地元起源のシコクビエを多用する農業ができたのである。チテメネは基本的にはシコクビエをつくるためのものだと地元の人びとは理解しているのだという。

今ひとつの特徴はイモが多いことである。特にキャッサバが多い。キャッサバはトングウェの場合でも低標高の所で多くつくられている。このあたりはすでに熱帯多雨林が混じり、根栽農業地帯への漸移地帯なのである。そういえば、西アフリカのサバンナ地帯でもずっと南に行くと、林の木が大きくなってきて、そうなると、塚をつくってキャッサバなどをつくるのが見えるようになる。同じく、根栽農業地帯への漸移地帯になるのである。

西アフリカでは野生や半栽培の植物が大量に用いられているといったが、東部高原地区でも似たようなことはいえる。農業は確かにやっているのだが、採集や狩猟・漁労にも多く頼っている。

ゼネラリスト

高原に住むベンバの生活を見てみよう。彼らは乾季になると共同で狩猟にくり出す。樹皮を編んでつくった長い網を林内に張り、大勢が勢子になって動物を網に追い込む。網にかかったところを槍や斧で殺すのである。羚羊がとれるという。若者は犬を使って猿や兎を捕る。また、モグラに似たモール・ラットも捕るという。モール・ラットの通り道に鍬で穴を開けておいてじっと待っている。そして顔を覗かせたところを槍で刺して捕る。いろいろの猟をやるわけである。狩猟に歩く間によく蜂蜜をとる。

乾季はまた魚捕りの時期である。水の少なくなった川に魚毒を流してとる。魚毒用の灌木は焼畑で育てる。

食用昆虫も多い。乾季が雨季に変わるころ出るイモムシは特に重要である。遠くの林にまで泊りがけで出かけて、親指大に育ったイモムシを捕る。指先で内臓物を押し出し、おき火の上で乾燥させると保存がきく。大発生する年があって、そんなときには商人が買い付けにやってくる。雨季の盛りになるとコオロギが多く捕れる。このほかに羽化したシロアリやカミキリムシも食べられる。

このようにして利用するものは何でも利用するのだが、そのためには大変な知識が必要である。どのキノコは毒タケか、どの昆虫なら食えるのか、どの時期にどの木の若葉はおいしく食べられるのか、等々の知識が必要なのである。掛谷は彼らの森に対する知識がいかに勝れているかを繰り返し述べ、彼らこそは偉大な博物学者であるといっている。

目立たぬように

東部高原地区の人たちは自分たちのつくる小さな社会の中で、目立つことを避けてつつましく生活しているという。一人だけが金儲けをするようなことはよくないこと、危険なことと考えているからである。また、まわりの森はご先祖が住む所だから、無茶なことをしてはいけないと気を配り、つつましく生きている。どうやらこれは、この地域の稀薄な人口、ゼネラリスト的生活、森への畏怖、そんなものと関係しているらしい。

掛谷（一九八六年）はこんなことをいっている。彼の入ったトングウェの村ではその年焼畑をほとんどつくらなかった。その前の年広い焼畑をつくったところ、近在の親類が入れかわり立ちかわりやってきて援助を乞うた。それで多くつくっても他人のためにつくるようなものだからということになって、その翌年はつくらなかったのである。掛谷によると、このあたりでは知人を訪れることが大変盛んなのだという。そして客人があると食事を出すのが当たり前だという。同氏の集計によると、平均して村の食物の四〇パーセントは客人に食われているという。食物の豊富な村だという噂がたてば、訪問客も増えるから、あまりつくらないほうが得だというのである。

同氏はまたこんな例もあげている。イボテボテという野菜がある。村人は皆それを大変好むのだが、誰も積極的に栽培しようとしない。同氏がその理由を聞くと、「一軒だけが栽培すると、結局は他の人びとに乞われて、ほとんど全部他人に食べられてしまう。トングウェの地では、だれもが栽培しているものを作るのが一番良いのだ」と答えたという[20]（二三一ページ）。こういうことがあるから、なるだけ野生の動植物に頼り、栽培はしないのである。狩なども共同でしたほうが無難ということになる。

こんなことを踏まえて、掛谷はここの社会は、その食物生産については「最小生産努力」に特徴づけられ、消費については「平均化」で特徴づけられるとしている。なるだけ自然のものでまかなうようにし、またひとたび誰か大量に持つと、それは分かち合って消費するということである。

ベンバでも「平均化」というのはおおいに意識されている。ここでは村はもう少し大きく、貧富の差もかなりあるのだが、それでも、「平均化」し、皆同じようなチテメネ中心の生活が維持されるように工夫しているという。チテメネでつくるシコクビエは主食であると同時に酒の原料になるのだが、この酒がうまく利用されて平均化が保たれている。例えば、こういうことがある。労働力があり、したがって裕福な家は、母子家庭の女がつくった酒を買って、それを何かの折に村人に振舞う。一方、母子家庭のほうはこうして得た金で人を雇い、チテメネの伐採をしてもらい、あとは自分で播種して自分の畑からシコクビエを得る。こうして皆が同じような生活を送れるようにしている、というのである。

なぜこういう「平均化」に意が用いられるのかというと、そうしないと「呪い」がかけられ、それが恐ろしいからだ、と掛谷はいう。人よりも抜きん出て大きな畑をつくり、豊かな生活を送る者は妬まれる。食糧の蓄えがあるのに他人に分け与えない者は恨まれる。妬みや恨みを持った者に対しては呪術師に頼んで呪いをかけてくる。呪術師は本当に強力な術を持っていて、相手を突然、事故に遭遇させたり、その人の畑の作物を枯死させたり、家庭に不和を持ちこんだり、ときに殺したりする。こういう呪いが恐ろしいから、人びとはなるだけ他人の妬みや恨みを買わないようにするというのである。また仮に呪術師に頼まなくとも、あまりにひどいやり方は部族の首長の祖霊の怒りを招き、ひどい罰を被ることになる。こういうことがあるから人びとは、突出しないように、つつましやかに生きるように努力するのだという。

先にもいったように東部高原地区は同じサバンナといっても西アフリカに比べるとより森は深く、

それが人びとの精神世界に少なからぬ影響を与えているようである。ここは東南アジアの森林地帯と同じで、汎神論的な世界なのである。人びとは川や山、大木や大石には精霊が住むと考えている。また、先祖たちは死ぬと森に住み、子孫を見守り続けていると考えている。そして、それらの精霊の不興を買った者はひどい目に会わされると考えている。こういうことだから、なるだけ目立たぬように生きていく。それが東部高原地区のひとつの特徴なのである。サバンナのミレット農業の系列とはいえ、こうしてここまでくると相当に変形している。いうならば森の非日常世界が大きく関与している世界ということができるのである。

3 牧畜

サハラより南のアフリカにはもともと牧畜はなかったのだが、北のオアシス地帯からこの技術が入ってきて、今では、家畜飼育がかなり広く行なわれている。アフリカに牧畜がなかったのは、ここにはツェツェバエのようなものがいたからである。

アフリカの牧畜は地域差が相当大きい。例えばミレット農耕を生業の中心としているが、家畜も飼うといったものから、農耕はまったく行なわず、一〇〇パーセント家畜飼育に依存しているというものまである。また動物の種類からみると二系列に分けることができる。ラクダ牧畜と牛牧畜である。この節ではラクダ牧畜、牛牧畜について、それぞれ一事例ずつ紹介してみたい。

(1) ラクダ牧畜――極限状態での牧畜

サバンナと違って砂漠には草もほとんど生えない。水場はずっと遠くにしかない。そんな所で家畜を飼うのだからこれは大変である。こんな環境で生きていけるのはラクダだけである。

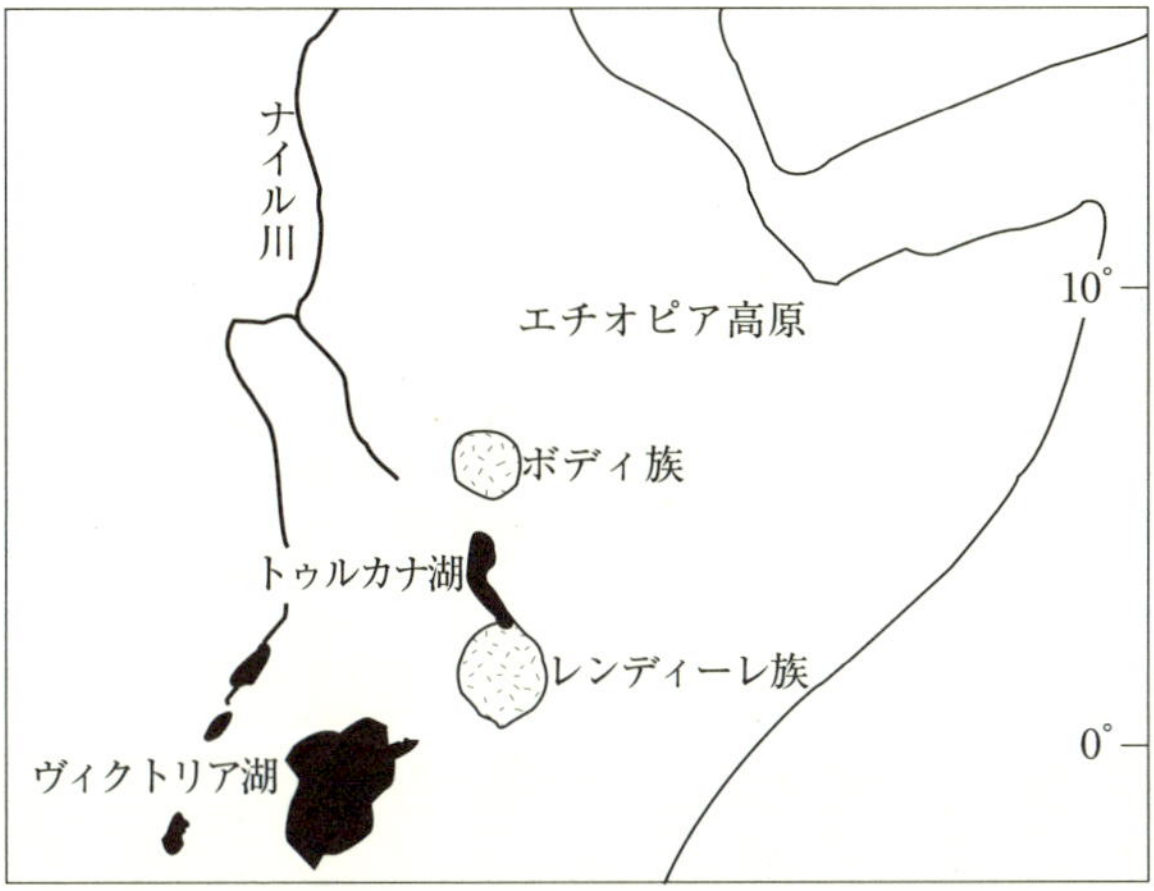

図24　レンディーレ族とボディ族の分布域

レンディーレの遊牧民　レンディーレはケニア北部、トゥルカナ湖の南に広がる半砂漠地帯のことである。図24にその地図が示してある。四月から六月にかけては少し雨が降り、そのときにはこの半砂漠のところどころに小さい湖ができるが、それも雨がやむとすぐ干上がってしまう。すると大地から草が消えるので、家畜は草を求めて歩きまわらねばならない。五万平方キロメートルの地に二万人のレンディーレ族がこんな生活をしているといわれている。この人たちはナイル川上流部からエチオピアあたりにかけて広がるいわゆるハム・セム族の一派と考えられている。以下に紹介するものは、佐藤俊「ラクダ遊牧民の生計活動と食生活」(福井勝義・谷泰編著『牧畜文化の原像』一九八九年、日本放送出版協会所収)に記されている事例である[22]。

レンディーレ族の牧畜の細部に入る前にまず、この社会の基本的なことがらについて二、三述べておこう。そうしないと彼らの牧畜そのものが理解できないからである。

まず第一に、彼らは強固な父系の血縁集団をつくっている。家長の権威が絶大で家系という概念が大変強い。しかも、その家長はしばしば複数の妻を持つ。妻たちはそれぞれに自分の小屋を持ち、小さい子どもたちとそこに住むが、普通は隣接していて、家長のもとに固まった屋敷地をつくっている。

第二の特徴は年齢階梯が厳然として存在していることである。このことは特に男性の場合に厳しい。男は生まれるとすぐ少年組に入る。以後割礼を受けるまでを少年組の一員として生活するわけである。割礼後結婚するまでが青年階梯、結婚すると長老階梯となる。各階梯にはそれぞれに与えられた仕事があり、それを共同でこなしていく。少年組に与えられた仕事はラクダの世話である。青年組の任務は放牧地の選定や、キャンプの設営時期の決定、さらには泥棒対策などである。長老階梯に入ると家畜管理からは退き、もっぱら村の政治と宗教活動に従事する。女子にも似たような階梯があり、少女階梯はもっぱら山羊と羊の世話をし、炊事、水汲みなどを手伝う。

第三の特徴は村が集落とキャンプという二つの部分からなっていることである。草の比較的得やすい所に集落がつくられる。しかし、乾期になって草が少なくなると、集落には長老階梯の人たちと幼児だけが残り、家畜群は遠く離れたキャンプに出ていく。ときにキャンプは数百キロメートル離れている。結局村は、政治・宗教を担当する集落と経済活動をするキャンプに分かれるのである。こんなところがレンディーレ社会の基本的な性格である。

集落　彼らが実際にはどんな生活をしているのかを見てみよう。集落の様子は次のような具合である。

まず、生活の最小単位としての家族がある。これは普通、一～三名ぐらいの長老階梯の男と三～五名の婦人からなっている。一夫多妻制だから婦人が多い。それに一〇人程度の子どもたちがいる。だから一家族は十数人から二十数人である。この人数が数個の小屋をつくって住む。小屋は木の枝で天球状の枠を組み、その上に草で編んだ蓆を被せたものである。この小屋をくっつけて建てる。

しかし、実際の生活はこの家族が単位ではない。三、四家族が集まって生計維持単位とでもいうべきものをつくっている。三、四家族が自分たちの持っている家畜を集めて、共同の囲いに入れるのである。家畜囲いは成熟したラクダ、子どものラクダ、成熟した山羊、子どもの山羊などに分かれていて、これが小屋の前につくられた囲いに入れられている。ひとつの生計維持単位が持っている家畜数はだいたい、ラクダが五〇頭、羊と山羊で一〇〇～二〇〇頭である。

さて、集落はというと、こういう生計維持単位が一〇個ばかり集まってできている。集落は鳥瞰すると、中央に何十という家畜囲いを集め、そのまわりを何十もの小屋でぐるりと取り囲む格好になっている。そして、そうした全体をフェンスで囲っている。フェンスといっても、たいしたものではない。砂漠に生えているトゲだらけの木の枝を集めてきてフェンス状に積み上げたものである。

こういう集落を基地にして少年たちがラクダを連れてまわり、少女たちが小型家畜を連れてまわる。いずれも朝早く集落の囲いを出て、夕方また集落に帰ってくる。

食事の中心はラクダの乳である。最近は、そうではないのだが、すくなくとも伝統的、観念的にはそうである。生乳か酸乳にしたものが中心である。小型家畜の乳も利用されるがラクダのほうが、はるかに喜ばれる。ときにそれに生血を混ぜて飲む。ラクダだと外鼻静脈から山羊や羊だと頸静脈から、採血する。ラクダだと一ヵ月に一回の採血がされるが、一頭から一回で二~三リットルをとる。普通はこれを血一に対して乳四の割合で混ぜて飲む。肉も食うことはあるが、食うのは山羊か羊の肉である。ラクダの肉は事故が起こってラクダが死んだときなど、例外的なとき以外には食わない。

右に述べたものがいわば理想の食事であるが、実際には穀物がかなり多く用いられている。ほとんどがトウモロコシ粉である。これは乳粥やマッシュポテト状のものにして食べている。集落だけにかんしていうと、摂取カロリーの半分以上を穀物に頼っている。

ところで、先に集落の説明をして、集落は定着的なものだというように書いたが、厳格な意味ではけっしてそうではない。二、三ヵ月ごとに少しずつ場所を移す。そうしないとまわりの草が少なくなって放牧には不便になる。定着的といったのはキャンプに比べると定着的ということである。キャンプだと数百キロメートルの所を動きまわる。これに比べると五キロメートルや一〇キロメートルの移動は移動に入らないのである。

こんなふうにいささか頼りない集落なのだが、ここの集落をいっそう頼りなくしているのは、すでに述べたように乾季になると少年や少女がキャンプに出ていくことである。村の全員がそろって集落に住めるのは雨季の間の数ヵ月だけである。乾季に入ると草は絶対的に不足する。こうなると、キャンプに出ていくわけである。このとき、集落に置いておくのは泌乳ラクダのうちの一部、例えば五〇頭のラクダ持ちの場合なら五、六頭と、それに加えて役畜として使わなければならない少数のラクダだけである。こうして、七、八ヵ月の間、親村はややひっそりとして過ごす。

キャンプ

乾季になると、少年たちはラクダを連れて、少女たちは山羊や羊を連れてキャンプに出る。少女だけでは襲撃などされたときに危ないから、何人かの青年も警護要員としてついていく。どこもかも乾ききっていて、それほどいい草地はないのだが、それでも比較的良い場所を小型家畜のキャンプにあてる。山羊や羊は草を欲しがるし、二、三日に一度は水を飲まさなければならないからである。ラクダだと半月ぐらいは水なしでも大丈夫である。だからこれはより条件の悪い所へ連れていかれる。

小型家畜のキャンプは五～一〇ハード（群）ぐらいからなり、総頭数にすると四〇〇～九〇〇頭ぐらいである。それを二〇～三〇人の少女たちが管理する。毎日、キャンプから出て、歩きまわりながら草を食わせ、夜はキャンプに帰る。一週間もすると、キャンプの周辺の草はなくなるので、キャンプを移す。こうして、七、八ヵ月を過ごすのである。

ラクダ・キャンプのほうも小型家畜のキャンプと基本は同じだが、その生活はより大変である。なにせ、基本的にはまったく水の得られない所だから、料理というものが一切できない。だから鍋釜の類は一切持っていかない。全てをラクダの乳と血でまかなうのである。佐藤はラクダ・キャンプ中の人びとの摂取カロリーを計算しているが、全摂取量の九二パーセントをラクダの乳から、六パーセントをラクダの肉から、二パーセントを血から得ているとしている。[22] 肉というのは弱りきって動けなくなったのをやむなく食うだけである。まさに一〇〇パーセントをラクダに頼っているのである。ちなみに小型家畜キャンプの場合でいうと、乳、肉、穀物の摂取比率がおおよそ一対一対一となっている。

ラクダ・キャンプのサイズはいろいろあるようだが、一例として一一ハード、五五〇頭という数字があがっている。これを二〇~三〇人の少年たちで管理するのである。キャンプ・サイトは普通は中央に焚き火をつくり、それをとり囲んでドーナツ状にラクダ囲いをつくり、さらにその外側に牧人たちがきわめて簡単な小屋をかける。そして、その全体をトゲのある木の枝を積み上げたフェンスで囲う。こういう格好のキャンプを次々と移していっては、とにかく、普通ならまったく利用できないような砂漠で生きているのである。

人生の夢

何が目的でこんな苛酷な生活を送っているのだろう。このことにかんして、佐藤は次のようにいっている。「男性の理想は妻や家畜を多く所有して、独自に自給自足的な生計維持単位を作り上げることである。このためには家畜を多く所有して、結婚するときに婚資を支払う能力を持つことが必要とされる」[22]（四〇六～四〇八ページ）。人生の目的とは何かと考えたとき、それは大家族に囲まれ、できるだけ多くの子孫を残すことだ、ということは実際どんな人間にとっても最もまともな答えなのかも知れない。少子化などといわれている社会はそういう意味ではどこかおかしいのだろう。長子相続をする父系社会では、親の財産は全部長男に相続される。次男以下は他のグループの家畜の略奪に行ったり、あるいは猛烈に働いて知人や近親者から賞与としての贈り物を受けるようにするしか方法がない。そうして得た元手を増やしていくのである。そのためには苛酷な状況にも立ち向かっていかなければならない。

この地域ではラクダは婚資に使われるだけではない。何かというとラクダの贈答が求められる。ラクダは人間関係を維持し広めていくためには不可欠な必需品である。ラクダ牧民というのは乾燥地でただ単にラクダを飼い、その乳と血で生きのびている人たちというのではない。もっと深い意味において、いわばラクダ社会とでもいったものをつくっている人たちなのである。

(2) ボディの牛牧畜——農耕も行なう牧畜民

牛牧畜といっているもののなかにも大きな幅がある。トゥルカナやマサイのように牧畜専業者から、農耕が中心だが家畜も持っているというものまである。ここでは、そのなかで中間的なもの、牛を中心とした牧畜に重きをおきながら、農業も行なうという事例を紹介してみよう。依拠するのは福井勝義「ウシ牧畜民ボディ族の遊動に関する考察」(福井勝義・谷泰編著『牧畜文化の原像』一九八九年、日本放送出版協会所収) である。(23) ボディ族の分布域も図24に示してある。

住い ボディ族はエチオピアの西南部に住んでいる。ここは先に述べたレンディーレ・ランドのすぐ北にあるのだが、少し標高が高く、サバンナをなしている。ここでボディ族は平地のサバンナで牛の遊牧を行ない、それをとりまく周辺の山で焼畑を行なっている。

具体的には彼らは二つの住み家を持って生活している。ひとつは平地にある放牧キャンプであり、今ひとつは五~一〇キロメートル離れた山地の焼畑にある小屋群である。平地のキャンプが実際には本拠であり、そこには家長を中心に妻と子どもたちからなる家族が住んでいる。ここでも妻はしばしば複数いる。焼畑時期になると、この妻たちが山地の焼畑小屋に移り、そこで焼畑作業をしながら、平地の放牧キャンプと焼畑小屋を往復するようになるのである。

平地のキャンプの様子が図25に示してある。この図だと一二の小屋が示されてい、それが六つのハ

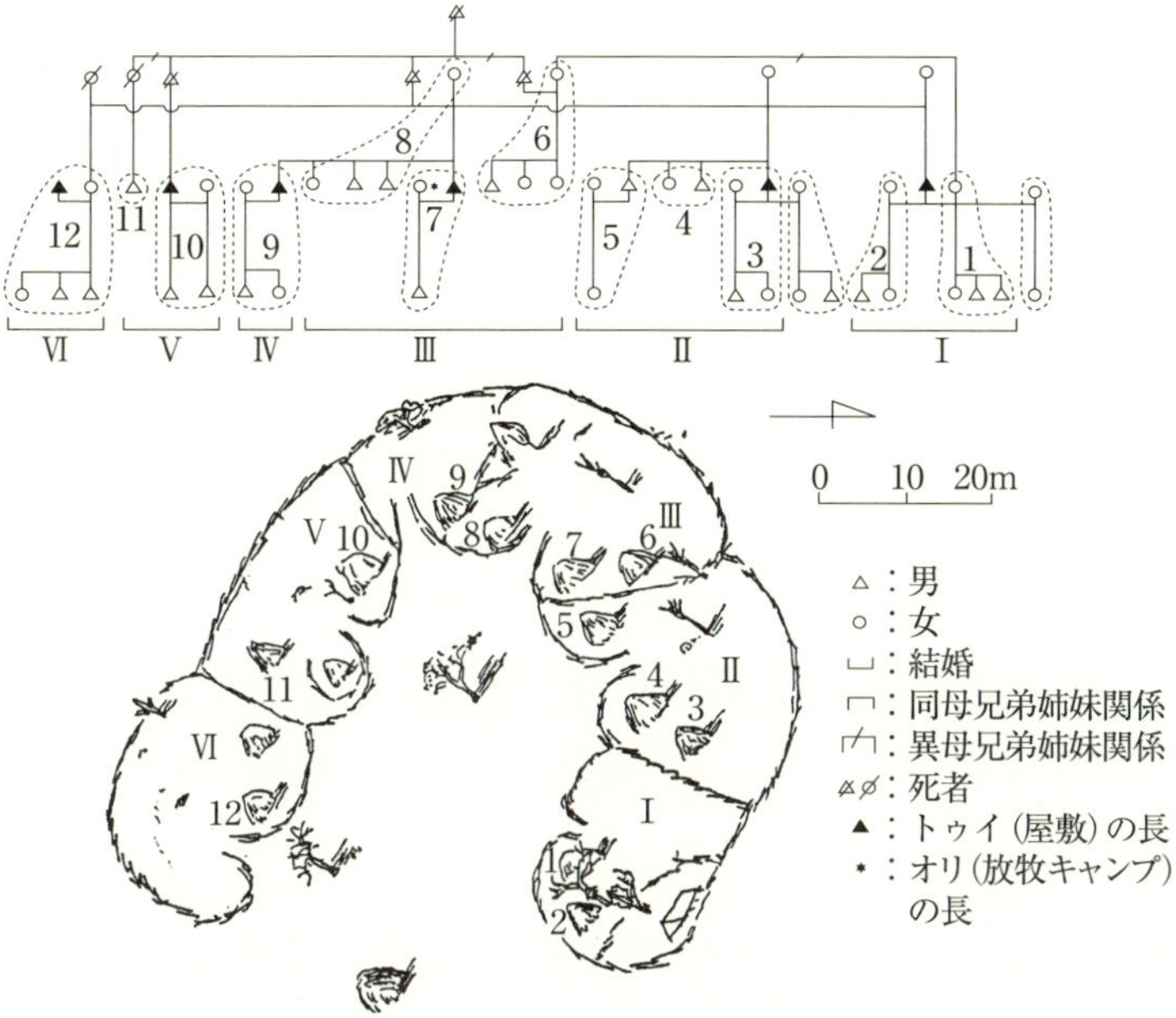

図 25　ボディのキャンプの様子

福井（1989 年）より転載

ウスコンパウンドをつくっている。そして、それを包み込むようにして木の枝を積み上げてつくった柵がつくられている。ここには同時に家系図も示されているから、小屋とハウスコンパウンドの関係がどんなふうになっているかもわかる。表1にはまた各ハウスコンパウンドが持つ牛の数も示されているから、どのぐらいの牛がいるのかもわかる。

福井によると小屋はケスと呼ばれ、木で枠をつくり草を被せてつくったものである[23]。これは普通、母と子が単位になって住んでいる。そのケスがいくつか集まってトゥイと呼ばれるハウスコンパウンドをつくり、さ

表1　各トゥイのウシの数

ウシ ＼ トゥイ		Ⅰ	Ⅱ	Ⅲ	Ⅳ	Ⅴ	Ⅵ	計
雌	乳牛	0	3	8	2	3	4	20
	乾牛	0	5	6	0	3	3	17
	未経産牛	0	5	5	0	9	1	20
	乳呑み牛	0	1	3	0	2	1	7
計		0	14	22	2	17	9	64
雄	種牛	0	1	1	1	0	0	3
	去勢牛	0	0	1	0	0	0	1
	雄仔牛	0	2	7	0	0	1	10
	乳呑み牛	0	2	2	1	1	3	9
計		0	5	11	2	1	4	23
総　計		0	19	33	4	18	13	87

らにこれがいくつか集まってオリをつくっている。オリが社会的な単位になっている。レンディーレの場合と同じである。

社会

ボディにとって、トゥイは大変大事なものである。単に生計を維持するために大事というのではなく、もっと深い社会的意味を持っているらしい。ちょうど日本の「イエ」に似た意味をもっている。彼らはこのトゥイが絶えることを何よりも恐れているのだという。また、トゥイにはいくつかの決まりがあるらしい。例えば、トゥイの中心には必ず彼らがケンと呼ぶ臍《へそ》がある。夕方になって牛が帰ってくると、このへそに乾いた牛糞を集めて火をつけねばならない。またこんなこともある。家長が死ぬと、その体は必ずへその下に埋める。

トゥイだけでなく、オリにもタブーがある。オリはときどき移動するのだが、いったんつくられてしまうとそこの火種はオリがそこにあるかぎりは絶対に絶やしてはならない。この火種はオリ開きのときにオリの長が木を磨り合わせてつくるのである。また、オリ開きのときには、人びとは特別につくった酸乳を人にも牛にも振りかけて、その地での繁栄を祈る。

トゥイもオリも確かに簡単な作りで、一見それほどの重い意味づけなどは何もしていないかのごとく見えるが、実際にはそうではない。ここにはちゃんとした小宇宙がつくられているのである。

こうした小宇宙のなかで、いちばん大きな意味を持つものがどうやら牛らしい。表でも見られるようにその数はそれほど多くはないのだが、やはりこれが社会的信用のもとになり、ステータスシンボルになっている。レンディーレのラクダと同じである。やっぱり、その意味ではこれは牛社会なのである。

正確にいうと、こうした牛とオリを中心にして、そこから半径一〇キロメートル内外の範囲が彼らの小宇宙なのである。平地のオリを中心にして、まわりに女たちの焼畑がある。焼畑ではトウモロコシとモロコシがつくられる。これがボディの社会なのである。

(3) アフリカの牧畜の特徴

モンゴルやヨーロッパの牧畜と比べたとき、アフリカの牧畜の特徴は何だろうか。まず第一にいえることはいわゆる牧畜技術が低いことである。しかし、家畜の存在は、人びとの心にはるかに深く食いいっている。

技術的にみて低いということは、例えば次のようなことでもわかる。モンゴルだと五畜などというものがあり、それぞれの家畜は機能分担をしていて、人びとの生活を大変豊かなものにしている。馬は騎乗、牛は乳と肉、ラクダは運搬用といった具合である。山羊と羊の場合だと、その毛が毛布にされ、あるいはフェルトにされる。そして、それでゲルがつくられる。ゲルは本当にたいしたものである。形も洗練されているし、構造力学的にみてもきわめて勝れたものである。その内に入ると、豊かな調度品がいっぱいある。アフリカの牧民の小屋と比べると比較にならないくらい立派である。

ヨーロッパの牧畜と比べてもその差はもちろん大きい。ヨーロッパの牧畜はよく管理された工場生産のようなものである。牧草が播種され、化学肥料が投入されている。そこで厳格な管理のもとに家畜が飼われる。もちろん濃厚飼料を与えた舎飼いもある。だが、アフリカだと文字どおり、荒野での放し飼いである。

そもそもアフリカの牧畜をモンゴルやヨーロッパのものと比較するのは最初から間違いであるらしい。アフリカの牧畜では能率とか経済性というのはほとんど考えられていない。モンゴルやヨーロッパでは一匹たりとも無駄に生かされているような個体はない。ところがアフリカだと無駄に生かされている個体が大変多い。第一アフリカでは羊毛をとるということがないのだから、あまり商品価値はないのである。牛なども似たようなところがある。搾乳はされているのだが総じて泌乳量は小さい。干あがってしまったものもそのまま連れてまわっている。

あるいはこんなふうに考えたらよいのだろうか。牧畜には動産型の牧畜と不動産型がある。前者だと持っているものはなるだけ早く回転して、常にそこから富を引き出す。しかし後者は違う。後者だと、一応保持はしているが、そんなにあくせく回転は考えない。いざというときにだけ使うのである。アフリカの牧畜を見ていると、これは典型的な不動産型だなという気がする。すでに何度も触れたように、アフリカではラクダや牛の保有数がその人の社会的信用につながっている。この意味ではアフリカの大型家畜は日本の田地や屋敷地に似ている。今でも田舎ではそういう面があるのだが、大きな屋敷地に住み、多くの田畑を持つ日本人の社会的信用は高い。

アフリカの大型家畜が日本の田畑と違うところがあるとすれば、それは、アフリカの大型家畜はしばしば贈与財として用いられることである。例えば、特定の人に近づきたいと思ったとする。家畜を贈ってつながりをつけるのである。いろいろの機会をとらえて家畜の贈与合戦が行なわれる。要するに人間関係をスムーズにするために、この資産はきわめて頻繁にやりとりされる。こういう意味ではアフリカのラクダや牛の社会的機能は日本の田畑よりもはるかに大きい。

一部の所では右に見たような意味とはまたまったく違った意味で、ラクダや牛は重要な意味を持っている。社会的な側面というより、個人と深くかかわっているのである。例えば、「好みの牛」などというのが出てくる。これはこういうことである。まだ本人が幼いときに特別な一頭の牛を決め、その牛の名を自分の名にし、一生、その牛を伴侶として生きていくのである。常にその牛に語りかけ、その牛を愛でる歌を歌い、運命的な連帯感を深めていく。人と牛がそんな関係をつくりあげていくような所もある。

モンゴルやヨーロッパの牧畜はこういうものと比べるといかにも即物的である。経済効率一本槍である。家畜とともに生きている、という姿は深いところで考えたとき、アフリカに際立って鮮明に見えるのである。

三、オセアニアの根栽農業

メラネシア、ポリネシア、ミクロネシアには穀物を欠き、イモなどに頼る根栽農業が広がっている。この根栽農業には大きな地域差があるのだが、それでも、その全体を特徴づけるいくつかの特徴がくくり出せる。ここではそれを拾いあげてみよう。

(1) 手のこんだ耕作

オセアニアは生態的条件からすると、三つに分けることができる。図26にも示したように、南太平洋の島々、ニューギニア低地、ニューギニア高地である。それで、なるだけ、この三地区から代表例をとりあげながら、全体像を見てみたい。

南太平洋の島でのイモづくり

根栽農業というと穀物も知らない人たち、石器時代の生き残りの人たちの農業だから、さぞ粗放なものに違いないというふうに思う人がいるかも知れない。

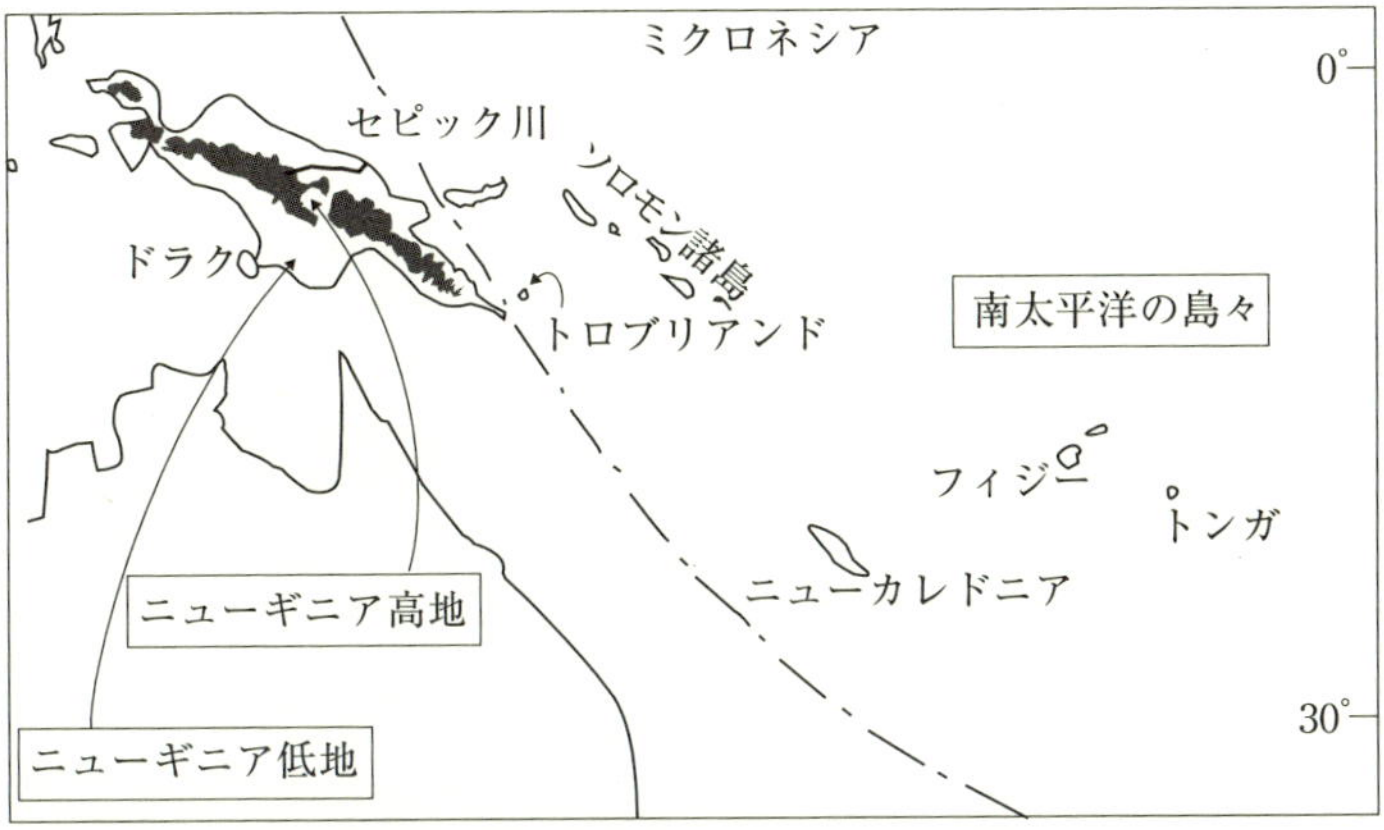

図 26　太平洋の島々とニューギニア

確かに粗放な所も多いのだが、そうではない所も多い。

オーストラリアの東方一〇〇〇キロメートルほどの所にニューカレドニアがある。比較的乾燥していてユーカリの疎林が広がり、その下をイネ科の草が覆っている。ここではヤムとタロがつくられるが、その畑は図27aに示したようなものである。用いられる農具は掘棒だけだが（図27b）、実に立派な圃場がつくられている。普通ヤムは天水だけに頼ってつくられるが、乾燥しすぎず、また過湿にもならないようにということで、斜面をうまく利用してつくっている。これに対して、タロはしばしば灌漑施設を整えたタロイモ田につくられる。原住民のカナカたちがいかに立派なイモ畑をつくっていたかを知ってもらえよう。図はいずれもジャック・バロウ『メラネシアの自給農業』[24]（一九五八年）から転載したもので、一九五〇年代の様子である。

図27　ニューカレドニアのイモ畑（a）と掘棒（b）

私はトンガに行ったことがあるが、そこでも似たようなイモ畑を見た。トンガというのはニューカレドニアからさらに一五〇〇キロメートルほど東に行った珊瑚礁の島である。珊瑚礁の赤土の上でタロに似たイモを植える穴をつくっているのを見たのだが大変驚いた。穴は断面が方形で一辺三〇センチメートルぐらいはあり、深さは一メートルほどのものであった。幅が七～八センチメートルの真っ直ぐなショベルで穴を掘り、そこに腐植をたっぷり含んだ甘土を入れていた。この穴でつくったイモは直径一五センチメートル、長さ四〇～五〇センチメートルにもなるものだった。

ニューギニア低地の例

大きなニューギニアの島の西南端にドラク島という島がある。昔はフレデリック・ヘンドリック島といっていた。ここは南太平洋の島々と違って大きな低湿地だが、ここでもヤムとタロがつくられる。L・M・サーペンティ『湿原の耕作者――ニューギニア社会における社会構造と農耕』（一九七七年）に報告されているイモづくりは次のようなものである[25]。

ここは湿地帯だからそのままではイモはつくれない。それで島畑をつくるのである。びっしり生えたヨシを刈ってそこを畝畑と溝につくりかえていく。溝にする部分のヨシの根と泥を掘りあげて、幅二〜三メートルの畑をつくるのである。今は鉄製の道具を用いるが、昔はサゴヤシの樹皮を用いた。弥生稲作民がカシの鍬を用いたと同じように、サゴヤシの硬い樹皮を農具に用いたのである。こうしてつくった畝の上にイモをつくるのである。

ヤムの場合だとそのつくり方は次のとおりである。まずその畑の上に、肥沃そうな土を集めて小塚をつくり、その上にすでに芽を出している種イモを植える。こうして植えたイモが活着し、勢いよく伸び出したことを確認すると、人びとは注意深く土を除き、種イモを切りとって捨ててしまう。そして、再び元のように土をかける。栽培中に最も注意しなければならないことは、イモが下に伸びていって地下水に当たることのないようにすることである。このために人びとは土をそっと取り除いて、イモの伸びる方向を点検し、なるだけ地表に平行に伸びるように矯正する。この間、小塚と小塚の間の低みにはどんどん甘土と干草を入れ、ついには畑全体が平坦になるようにする。

ときに元気のない株があると、根元の土に手を入れてみてそこの温度を計る。イモが暑がっていると判断すると干草を取り除き、寒がっているとなると余分にかけてやる。

タロも基本的にはヤムと同じようにしてつくられる。小塚をつくり、穴を掘り、そこに種イモを植えて、干草と甘土を加えていく。タロがヤムと違う点は、支柱を立てる必要がないことである。それに、ヤムだと植える時期がだいたい決まっている。四月から五月である。だが、タロは年中いつでも植えられる。

ニューギニア高地の事例

大きなニューギニア島には三〇〇〇メートルを超す山地が多くあって、その周辺がニューギニア高地と呼ばれている。熱帯多雨林の瘴癘《しょうれい》性に悩まされる人たちにとって、この高地は冷涼で病原菌も少ないから、住むには格好な場なのである。ニューギニアの居住圏はだから海風が蚊などを吹き飛ばしてくれる海岸か、それでなければこの冷涼な山地にほぼ限られる。

もっともこの快適な居住帯はどこまでも這い上がっていくというものではない。標高にすると三〇〇〇メートルが限度である。三〇〇〇メートルを超すと一年中、濃霧がかかっていて、寒くて住めない。普通は二五〇〇メートルぐらいが上限である。

ところで、このニューギニア高地の根栽農業は今までに見てきた島のもの、低湿地のものとは相当違う。一言でいうとサツマイモが圧倒的に多いのである。だが、しっかりと手をかけてつくっている有様は前の二つと同じである。私は一九八八年に東のウエからゴロカ、マウント・ハーゲン、ワパクと走ったことがあるので、そのとき見聞きしたものを紹介してみよう。畑は多くが少し平坦になった所につくられている。そこに直径二メートル、高さ三〇センチメートルぐらいの土まんじゅうを築いて一〇株ぐらい植えてある。同じような大きさだが方形で、マージャン牌のような格好をした塚もあり、そこには三株ずつ三列、計九株植えたりしていた。これらの塚が何十もつくってあって、ひとつの畑をなしているのである。斜面にもある。斜面のものには塚のないものと、一株用の小さい塚のあるものなど、いろいろある。

圧倒的に多いのはサツマイモだが、他のイモもあった。塚の中央部にはジャガイモを植え、それをとりまいてサツマイモを植えたものもあった。谷部にあった平坦な畑ではタロをつくる所もあった。このタロは列状につくられていたが、バナナと砂糖キビの列と交互につくられていた。この畑には幅五〇センチメートル、深さ五〇センチメートルほどの排水溝が切ってあった。

サツマイモの他に目立ったものは砂糖キビだった。四メートルぐらいに伸びた砂糖キビは一〇本ほどがまるで株立ちしたように同じ所から生えていたが、それを束ねて、蔓でグルグル巻きにしていた。背が高いからこうしないと倒れるのであろう。どれもこれも太く、一本一本によく手をかけて育てているのだなという気がした。

ニューギニア高地のイモづくりにかんしては次のような資料がある。例えば、パプアニューギニアだとL・J・ブラス「ニューギニアの石器時代農業」(一九四一年)。これは『ジオグラフィカル　レビュー』三一巻四号に載せられたもので、多くの美しい写真がある。[26] インドネシア領イリアンジャヤのほうだとレオポルト・J・ポスピシル『西ニューギニアのカパクパプア人』(一九六三年)がある。[27]

二つの報告書でともに強調されていることは、焼畑もあることはあるが、立派に仕立てられた常畑が多いということである。特に深い溝が掘られ、それらは排水路として利用される他に、そこに溜まった有機質に富んだ泥が肥料として用いられている。

後者の論文では、豚を飼うためにサツマイモが多くつくられているなどといったことも述べられている。ちょうど、アフリカの牛のように、ここでは豚が財産であり、それを多く持つ者が高い社会的ステータスを持つというようなことがあるのだが、その豚を飼うために盛んにサツマイモづくりが行なわれるというのである。

(2) 儀　礼

イモづくりは儀礼の連続

オセアニアのイモ栽培には多かれ少なかれ耕作儀礼があり、禁忌がある。それをトロブリアンド島の場合について見てみよう。この島はニューギニアの尻尾から二〇〇キロメートルほど東北に離れた海中にある隆起珊瑚礁の小島である。大きな木はまったくなく、藪が全面を覆っている。ここではヤムが中心であり、それにタロを加えるのだが、そのヤム栽培に伴う儀礼を紹介しておこう。B・マリノフスキー『珊瑚礁の上の畑と魔術』(一九三五年)を中心に紹介していきたい[28]。一九一〇年代の様子である。

ここの耕作は基本的には焼畑なのである。伐開と火入れは集落全体が共同して行ない、火入れが終わるとそこは個人持ちの畑に分割し、個人単位で耕作をする。ただし、中心になる区画を決めておいて、これだけは特別に取り扱った。この特別の区画を著者はスタンダード・プロットと呼んでいる。あらゆる作業や儀礼はまず、このスタンダード・プロットで全員の参加のもとに行ない、その後個人の畑でそれを真似て行なうという方法で進めるのである。

藪払い、火入れの時期が近づくと、畑呪師はその日を決め全員に通達する。そして、畑開きの儀礼をとり行なう。畑開きの前日、若者を海岸の村にやって魚を入手させる。これは先祖への贈り物である。こうして先祖が喜んでくれ、耕作がうまくいくようにする。畑呪師自身は藪に入って薬草を集めてくる。そして、斧に魔除けの呪文をかける、猿を追い払う呪文もかける。そして、いよいよ藪払いだが、このときはまず最初に例のスタンダード・プロットになる所を皆で伐り開く。それが終わると、自分に割り当てられたあたりを伐る。そして、しばらく乾かした後、火を放って焼く。

ところで、太平洋の島々で行なう焼畑が先に述べた東南アジアの焼畑と違うところは、焼いた後で、焼け残った切り株を掘り起こし、ごろごろ転がっている珊瑚を片づけたりすることである。焼畑とはいうけれども徹底的に整地するのだから、いわば常畑の開墾に似ている。とはいえ、こうして開墾した所も二、三年耕作すると放棄し、藪に返す。だから、やはり常畑ではないのである。

火入れが終わると区画つくりが行なわれる。まわりの藪に皆で散っていって適当の長さの木を集めてき、これを地面に並べて畑の境界とする。いわば畦に代わるものを木の枝でつくるのである。これが終わると畑呪師の号令でもう一度藪に入って、もっと太くて長い木を四本見つけてくる。一本は五メートルぐらい、他はそれほど長くないのが三本である。これを先のスタンダード・プロットに立てる。そのとき、長い柱はその据え口が区画用に並べた木に接した状態にして立て、他の三本でこれを支える。この作業は皆で行なうが、これが終わると、人びとはまた一斉に藪に入り、今度は各自が三、四本の木をとってくる。そして、スタンダード・プロットのそれより小さいが似たような三脚を各自、自分の畑に立てる。このときも三脚の脚のひとつは区画をした木に接していなければならない。結局、スタンダード・プロットに大きな三脚が立ち、個人の畑には皆それぞれに少し小さい三脚が立てられるわけである。

こうした作業が完了すると畑呪師はスタンダード・プロットの三脚に向かって呪文を唱える。「どうか悪意の呪いがこの畑に入ってイモを腐らしたりしないように。野獣が近づかないように」。大きな三脚にかけられた呪文は即座に区画用に並べられた木を通って何十という小さい三脚にも伝播していき、こうして、畑全体が呪術の網で覆われる。

こうして呪文の網がかぶせられると植付けに移るのだが、テトゥという最も大切な品種だけは男たちが共同で植え付ける。女は加わることはできない。男たちがカブワクという鳥の鳴き声を真似て、「エ、エ、エ、エ、エ、エ!」と叫びながら植え付けていく。

テトゥの場合だとこの後も、その時期時期に応じて畑呪師によるいろいろの儀礼がとり行なわれる。植付儀礼が終わると発芽儀礼、出根儀礼、開葉儀礼、茎成長儀礼、葉を茂らせ畑を覆わせる儀礼、イモを増やす儀礼、と続いていく。どの場合にも畑呪師が特別の呪文を唱える。いよいよ収穫が近いというときになってとり行なわれるのが緑で飾る儀礼である。このころになるともう葉は枯れて多くは落ちてしまっているが、それに緑色をした野草を飾りつける。もうひと頑張りしろという儀礼である。最後に、松明をつくる。これは翌年の火入れのときに使う松明だが、この時期につくり、呪文を吹き込み、呪力が逃げないように、しっかりとアンペラ様のもので包む。

やがて皆はテトゥを掘り起こすのだが、このとき畑呪師は前年のイモの食い納めを行なう。このとき以降、畑呪師は古いイモは口にできない。そして、すぐ新イモの食い始めを行なう。この儀礼が終わると、一般の人たちは収穫に入る。

記録によると、テトゥ以外のイモつくりの場合にも三脚の建設は必ず行なわれていたようである。当時だと呪文の網をかぶせないイモつくりなど考えられなかったようである。しかし、このことはその後すっかり変わった。一九八八年、私たちがこのトロブリアンド島を訪れたときにはもう三脚は見られなかった。

繁縟な儀礼を行なって邪悪な呪いからイモを守るということは、すくなくともミクロネシアでは広く行なわれていたことらしい。先に述べたドラク島の湿地の場合でも、イモつくりは儀礼の連続であったらしい。村から少し離れると高みがあって、そこでは島畑のような無理をしなくともイモはつくれたのだが、実際はそこではイモはつくられなかった。村から離れると余計に他人の邪悪な呪いにやられる危険が大きかったからである。そのことを考えると近くの湿地に島畑をつくるほうがよかったのだ、と報告者は述べている。

品評会と贈答合戦

つくったイモのすばらしさを競う品評会がいたる所で行なわれる。また、つくったイモは自分が食べるのではない。盛んに他人に贈られる。トロブリアンド島の場合についてこのことを見てみよう。

収穫が近づくと人びとは皆、自分の畑の一角に陳列用の小屋を建てる。そして掘り起こしたテトゥは小さなものは除き、大きなものだけを、その中に円錐状に積み上げる。円錐の直径は普通一・五メートル、高さは一メートルを超す（図28）。こうして何日間か置いておく。すると村人たちが三三五五やってきて品定めしていく。イモが小さいと、あるいは少ししか積まれていないと、このときさわめて恥ずかしい思いをするのである。しかし、あまりに大きいのをつくったり、分不相応に多かったりすると、また陰口を叩かれる。身分を考えない奴だ、というのである。こういうふうにして畑でしばらく陳列した後に一気に集落のイモ小屋に運ぶ。

集落では数十軒の家が小さな広場を取り囲んで車座に並んでいる。各家の前には必ず、イモ小屋がある。すなわち、広場を中心にイモ小屋と家が同心円状に並んでいるのである。このイモ小屋は全て丸太を井桁組にしてつくったものである。これはイモ保存のための通風を考えてつくられているのだが、こういう構造だから中は丸見えである。

図28　畑の一角に積みあげられたイモ
（トロブリアンド島）

さて、品評会が終わると畑に並べられていたイモは全部イモ小屋の前に運ばれ、そこでまたしばらく円錐に積まれて展示される。ところが、そのイモ小屋は自分のイモ小屋ではない。自分の姉妹の夫か、その父の小屋である。要するに、テトゥは全て贈り物にするのである。自分のところには妻の実家から同じようにして贈られてくる。イモが小屋に入れられるのは普通八月である。それから二ヵ月ほどは小屋のまわりで頻繁に踊りを楽しむ。

以上がマリノフスキーの述べる一九一〇年代の様子である。私が訪れたときもまだこの品評会と相互贈答は行なわれていた。この恒例の品評会とは別に散発的な品評会も行なわれるらしい。村人の一人は「来年は教会が建てられるので、コンテストが行なわれる」といっていた。人びとが広場にそれぞれ二〇籠ぐらいのイモを持ち寄り、コンテストをするのである。一等になると一〇〇キナ（パプアニューギニアの通貨単位、一キナは約一米ドル）がもらえるのだという。以下、二等、三等と賞金は半減していき、ずっと下位になると缶詰一個などという賞金になるのである。この賞金は集落の長が出すのだといっていた。集めたイモは教会建築時の賄いのために用いられるのだといっていた。

コンテストは、いろいろの所でよく行なわれたらしい。例えば、先のドラク島の場合だとダングと呼ばれる祭が例年行なわれているが、人びとはこのときに行なわれるコンテストのために特別見事なイモをつくる。特別の工夫をして大きなきれいなものをつくるのである。湿地だから下方に伸びていくと地下水にふれて腐ってしまう。それで、そうならないように丸木舟を埋めておき、横に伸びていくようにするのである。こうして、長いものだと二・五メートルにも育てる。また耳たぶ状のものだと、変な格好にならないようにときどき、土をのけて整形し、不用の根を切り落としたりする。しかも、これらはちゃんとした儀礼を経てつくられたものでなければならないから、女子どもには触らせていない。

トンガでもコンテストはやはり行なわれている。一〇人ほどが頭にイモを載せて道を歩いていたので、何ですかと尋ねると、「初物を王様に捧げにいく」ということであった。土地は王様のものだから、まず最初に王様のところに持っていくのだ、という話であった。そのうちにコンテストが行なわれるのだという話でもあった。たまたま、その日に博物館を訪れると、前年度優勝したヤムが飾ってあった。添え木がしてあってそれに日盛が刻んであったが、それによると長さは二一六センチメートルであった。

オセアニアではイモは盛んに贈り、贈られ、またコンテストで競われるのである。イモの果たしている社会的な役割は大変大きい。

オセアニアでは人びとはよく知人を訪ね、旅をする。客が来ると、食事を出すのは当たり前のこととなっている。こういう客人のためにどの程度の量が使われているのかというと、ニューギニア北海岸のある例では普通の人で自分の収穫の三〇パーセント、村長クラスだと四〇パーセントが使われているという[29]（H・I・ホグロイン「耕作と採集――ニューギニアの経済」『オセアニア』9―2、一九三九年）。オセアニアはついこの間まで最後の楽園などといわれていたが、確かにそういう気前のよいところがあったのである。

交換

根栽文化圏はイモばかりを食う自閉的な世界かというと、けっしてそうではない。ちょっとした町へ行けばもちろん店があるわけだが、そんな店のない所では日を決めた市が立つ。川の合流点などに一〇日に一度などと日を決めて市が開かれるのである。ニューギニア北海岸のセピック川沿いで私の見た例を紹介しておこう。こうした低地では魚がよく市に現われる。やはり蛋白質が求められるからである。それともうひとつサゴ澱粉がよく現われる。

私が見たものは合流点の林の中で行なわれていた。そこだけ林が伐り開かれて広場になっていた。朝七時にそこに着くともう何十隻という丸木舟がついていて、広場には数十人の女たちが二列になって座っていた。一方の列の人たちは、それぞれが自分の前に魚を並べていた。多くは一〇センチから二〇センチぐらいのもので燻製にしたものであった。他にコイに似たものとナマズに似たものの活魚もあった。向きあった別の列はサゴ澱粉を中心にいろいろのものを持っていた。要するに魚組とサゴ組が、数メートルの間隔で対峙していたのである。それをとりまいて別の一〇〇人ほどの人がいた。

やがて突然、中央に一人の男が立って堂々とした口調で演舌を始めた。交換のルールを説明しているのかと思ったら違った。通訳によると、「先日、川の人間が丘の人間の悪口をいって、喧嘩が起こりそうになった。喧嘩が起こると丘のビッグマンはこの市の閉鎖を命ずる。そんなことになると川の人間はサゴもイモも手に入らなくなり大変なことになる、両者は仲良くしていくように」という訓示なのだといった。その演舌が終わると、サゴ組の女たちが一斉に立ち上がって魚組のほうに歩きだした。皆、手に一辺一五センチメートル角ぐらいに固めたサゴ澱粉の立方体を持っている。それを持って狙いを定めた魚のほうへ近づいていく。

図 29　セピック川流域（ニューギニア）でのサゴと魚の交換風景

魚組のほうでは、各人が先に述べた魚の燻製や生を一、二匹ずつ、バナナの葉の上に置いて並べている。サゴ澱粉が近づくと魚の女はチラッと澱粉に目をやるが、すぐに反らしてしまう。するとサゴ澱粉のほうはそのまま次の魚へと歩いていく。ときに魚の女が小さい合図を送る。するとサゴ澱粉の女は立方体を魚の女に渡し、魚を持っていく。言葉はまったくといってよいほど交していない。

こうして、第一ラウンドが終わると、第二ラウンド、第三ラウンドと同じような交換が続く。初めのうちはサゴの立方体ばかりだが、やがて他の品物にも移っていく。サゴ組側は実際いろいろの品物を持っている。サゴのチマキや、サゴの団子。このダンゴには白のものやサゴ虫のいっぱい入ったものもある。サゴ虫というのは腐りかけたサゴヤシの髄などに多くいるカブト虫の幼虫である。これが入った団子である。串にさして燻製にしたサゴ虫も多い。その他に料理用バナナ、パパイヤ、イモ類、キャッサバの葉、キンマなどがある。これらの品を手に持ってはサゴ組が魚組の前を歩く。魚組の女はけっして立たない。尻を落としたままである。サゴ澱粉や団子などを手に入れると、そのつど、蔓で編んだ袋に入れる。こうして、一〇ラウンドぐらいが行なわれ、あらかたの取引きが終わった。二時間ほどの取引きだったかと思う。交換が終わると、皆一斉に丸木舟で散っていった。

イモそのものが取引きされることはどうも少ないようである。むしろこれは贈ったり、贈られたりするものらしい。それに、普通はあまり長持ちしないから販売には不適なのかもしれない。その点、精選し、きっちりと固めたサゴ澱粉と燻製した魚は日持ちがし、商品にもなりやすい。自給的と思われる根栽農業圏にもこうして交換はけっこう盛んに行なわれているのである。

最近の変容

本来の根栽文化圏というのはやはり相当特異な所であったと思われる。石器時代の生き残りといった表現が当たっているようにもみえる。金属器はなかったのだし、穀物はなかった。当然、鍋、釜はなかった。イモを直接火にくべるか、魚や豚肉とともにタロやバナナの葉に包み、土中で蒸し焼きにした。

精神世界ではっきりした特徴があった。肉体というものがいつも前面に出ていた。そして、その肉体は呪いを受けると朽ち果てるといった観念がきわめて強い。このことは人間についてもイモについても同じである。だから、呪いがかからないようにこちらも防禦の呪文を唱え、こうして危険な世界を生き通していた。こういうことから日々の生活は儀礼の連続になっていた。

儀礼という意味では東南アジアの焼畑地帯にも儀礼は多かった。だが両者の儀礼の間にはずいぶんと大きな違いが感じられる。東南アジアの儀礼はすぐれて脱肉体的であり、形而上的ですらある。例えば、稲魂というようなことをいう。体より魂を相手にしている。だが、オセアニアの場合は違う。イモに魂のようなものは認めていない。イモの肉が腐らされていくのである。

こういう肉体性の重視は現場を歩いていると、ごく自然なことだと感じさせられる。ヤムでもタロでも、私たちはそのイモの肉体を食い、その食い残した一片を土に埋めこんでおく。すると、そこから再び新しいイモが出てくる。先代の死体から直接次代の肉体が生まれてくる。こういう世界に住み続けていると、右に述べたような肉体重視、即物的な宇宙観が生まれてくるのだろうか。そして、その肉体を攻撃する呪術や、あるいは逆に迎撃するための呪術や儀礼というものが発達してくるのではなかろうか。

だが、最近ではこの呪術の有効性に疑いの目を向ける人が多くなり、繁縟な儀礼がうとまれている。

加えて貨幣経済の侵入があって、伝統的な作物であるヤムとタロの栽培が急速に減っている。逆に増えたもののひとつがサゴヤシである。

サゴヤシはすでに少し触れたように幹に澱粉を貯えるものである。髄を掻きだし、水洗いして澱粉をとる。これは半自生のものを伐り倒して洗い出せばよいという手軽さがある。ヤムなどに比べると下等なものと軽蔑されながらも、結構、救荒的に用いられてきた。また保存がしやすいということで、交易品としての役割を果たしてきた。こういうことだから、最近では海岸部などではこれがかなり広がった。

イモそのもので、ヤム・タロに置き換わるような形で急速に伸びたのはサツマイモであり、続いてキャッサバである。ヤムやタロだと耕作に際して儀礼をやらないと老人たちに文句をいわれる。だが、この新来のイモだと自由につくれる。ということで、まず若者の間で急速に広まり、なし崩し的に広がった。そして、今では元のヤム・タロ根栽農業圏をサツマイモ圏に代えていきつつある。この地域では今でもイモが中心なのだが、そのイモの八〇パーセント以上がもうサツマイモに代わってしまっている。そうしたなかで、贈答やコンテストといった伝統行事は、あいかわらず、ヤム・タロに固執しながら続いている。

ニューギニア周辺の変化はそれでもまだたいしたことはない。だが、太平洋の島々に行くとその変化はすごい。例えば、ニューカレドニアである。ここに紹介した一九五〇年代のニューカレドニアだと、まだ灌漑施設を持った立派なタロ畑が多く存在していた。だが一九八八年だともう完全に違っていた。全島が牛の放牧場にされ、その草で覆われた斜面のところどころにわずかにかつての棚畑の痕跡が残されているばかりだった。現地のカナカ人たちは皆、バゲット（棒状のフランスパン）を持ち歩いていた。広がってきたフランス人経営の牛牧場の労働者にさせられ、イモ耕作を断念し、パン食に切り替えたのである。

もっと小さい島々にもいたる所で変化が起こっている。多くの島は全島がココヤシ園にされている。コプラをつくるためのプランテーションである。ここでもイモ農耕民たちがプランテーションの労働者にさせられたわけである。

根栽農業は近代社会には確かに適合しない。そんなわけで急速に、しかも徹底的に破壊されつつある。しかし、考えてみるともったいない気もする。イモ栽培の波及とともに、彼らの芸術や宇宙観も少なからぬ打撃を受け、消滅の危機に瀕しているからである。ニューギニアのセピック川沿いのハウス・タンバラン（祭祀用家屋）で見た木彫には都市の芸術家の作品からはついぞ感じることのなかった強い圧力を感じ、身の引き締まる思いがした。ああいうものまでが一緒に消えてしまうのかと思うと、人類の一員として何とももったいないという思いがするのである。

四、新大陸の伝統農業

新大陸の農業はトウモロコシ栽培で特徴づけられる。トウモロコシは紀元前三〇〇〇年にはすでにメソアメリカでは栽培されていたという。アンデス山地でも同じように早い時期から栽培されていた可能性があるといわれている。このトウモロコシを共通の基礎的な作物として、そのうえで、特徴的な三つの農業拠点ができたといわれている。ひとつはメキシコあたりから出てきたサツマイモを持つ農業、第二はベネズェラあたりの熱帯林地帯に広がったキャッサバを持つ農業、そして、第三が中央アンデスで展開するジャガイモを持つ農業である。これらの分布は図30に示してある。ここではこれらの三つのうち、第三の中央アンデスの

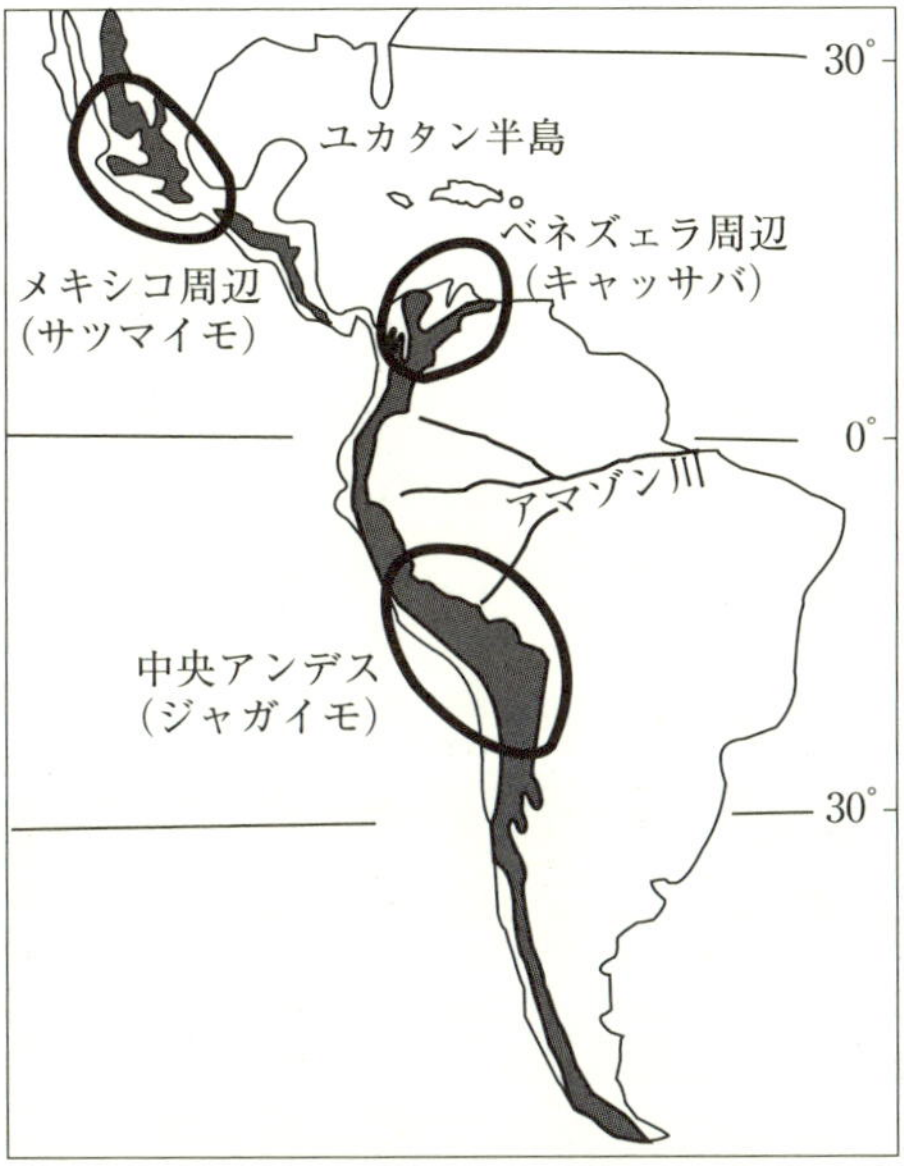

図 30　中南米の３つの農業拠点

農業をとりあげて、新大陸の農業の一端を見てみたい。

(1) 中央アンデスの農業

私自身は中央アンデスはまったく知らないのだが、幸い山本紀夫の『インカの末裔たち』(一九九二年、NHKブックス)という名著があるので、それを紹介しよう[30]。

中央アンデス概観　新大陸に移動してきたモンゴロイドは先にも述べたように、遅くとも紀元前三〇〇〇年ころにはトウモロコシ栽培を始めるのだが、紀元前一〇〇〇年ころになると高い文明をつくるまでになっていた。中央アンデスでは石造神殿がつくられ、いわゆるチャビン文化が栄えた。紀元前一〇〇〇年紀にはメソアメリカからアンデスにかけて、かなり広く高い文明が広がっていたらしい。山地が中心だったが、ユカタン半島のような低地にも広がっている。先に見たサツマイモ、キャッサバ、ジャガイモの農業地区はこの時期に一斉に大きく展開した。そしてこれは、その後も引き続いて栄えるのである。

中央アンデスの場合、その文化の発達は特にすばらしいものであった。ここでは標高三〇〇〇メートルの高地が生活の中心になり、アンデス山中の南北五〇〇キロメートルにわたる地帯に一〇〇〇万人を超す人が住み、いわゆる古代アンデス文明をつくったのである。その文明圏を治めた国がインカ帝国であった。その首都は標高三四〇〇メートルの位置にあり、二〇万の人口を抱えていたという。

インカ帝国は一六世紀の初めスペイン人の侵入で亡び、人びとは四散した。四散したけれどインディオたちの多くはなおこの高地にとどまり、インカ帝国時代の農業を続けた。ここで紹介しようとするのは、そのインディオたちが二一世紀に入った今なお続けている伝統農業である。

中央アンデスの東西断面図は次のようになっている。太平洋からアンデス山脈が一気に立ち上がるのだが、その脚部には半砂漠の海岸平野がある。侵入してきたスペイン人たちはそこに町を築き、彼らの拠点とした。アンデスの山腹を這い上がっていくといくぶん雨が降るようになるのだが、それでも乾燥が強い。もっと登り、標高三〇〇〇メートルに達すると降霜地帯に入り、標高四〇〇〇メートルになると年間の降霜日数が三〇〇日を超すようになる。この三〇〇〇メートルから四〇〇〇メートルぐらいがジャガイモ適地である。それより高いと寒冷な湿原の多い所となり、もはや農業はできない。一方、アンデス山腹の東側は多湿な森林地帯になっていて、アマゾン川の源流をなしている。

中央アンデスのインディオたちは、このジャガイモ帯に本拠を置いて、その西側の低標高の乾燥斜面も、東側の森林地帯も、さらにはもっと上の寒冷湿原地帯も巧みに使いながら生きているのである。

主食のジャガイモづくり

図31には右に述べた生態と土地利用がもう少し詳しく示してある。生態的にみるとここには寒冷な高原（プーナ）、冷涼な高地（スニ）、温暖な谷（ケシュア）、暑い谷（ユンガ）という四つの地帯があり、それがそれぞれ、放牧帯、ジャガイモ帯、トウモロコシ帯、熱帯作物帯に対応している。熱帯作物としているもののなかにはコカ（常緑の灌木。葉は大量のコカ

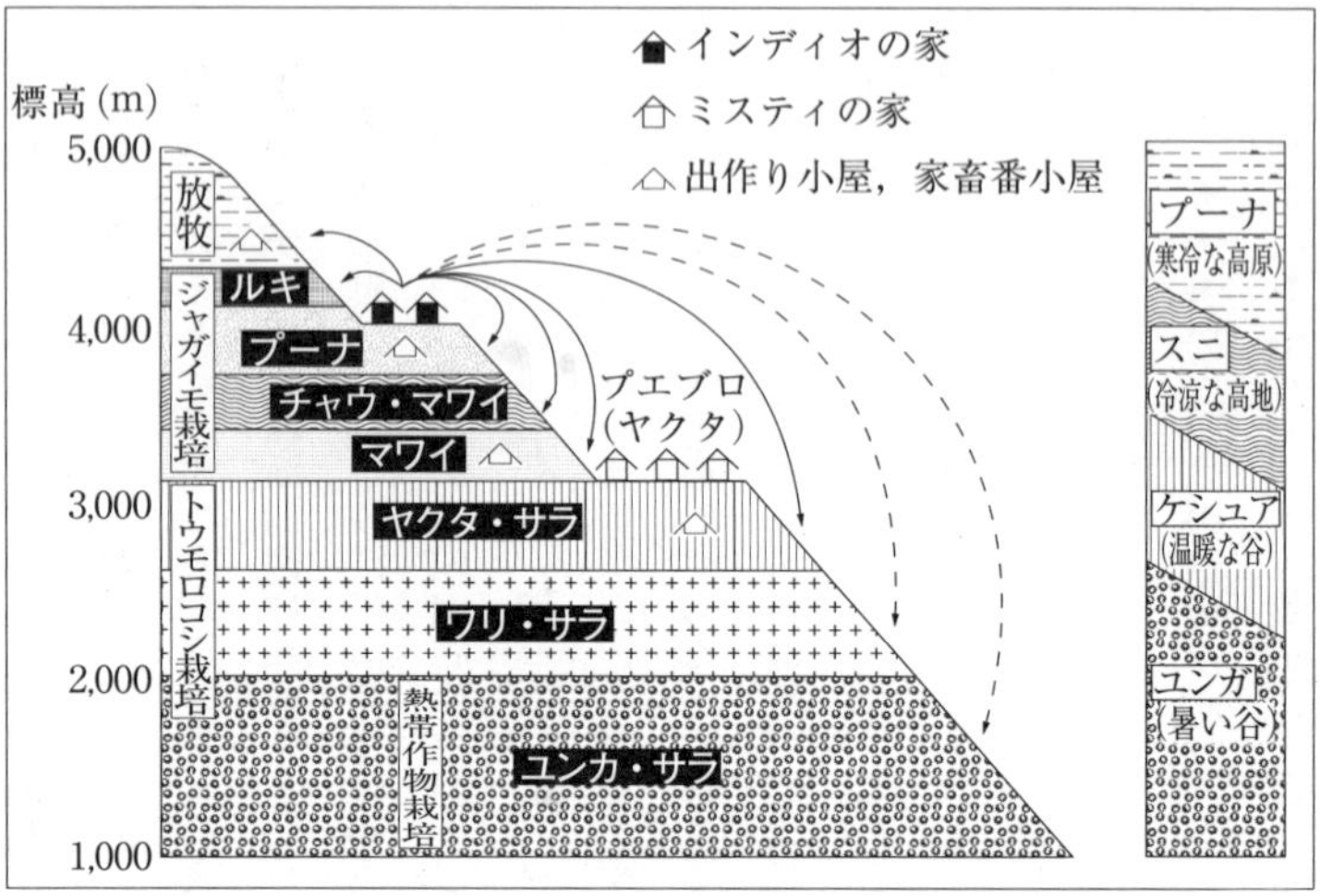

図 31　マルカパタのインディオの高度差利用と出作り小屋の位置
（右端はアンデスにおける一般的な環境区分）
山本（1992 年）より転載

インを含み、噛むと疲労がとれる）、棉などがある。

この高地をインディオとミスティが住み分けている。図にも示したように、インディオはジャガイモ帯にいる。一方、ミスティはトウモロコシ帯の上端にいる。ミスティというのはメキシコではメスティソといわれる人たちである。インディオとスペイン人の混血と考えればよい。下方から拡大してインディオを追い上げて、今はトウモロコシ帯を占拠してしまっている新来者と考えてよい。

さて、この標高差一〇〇〇メートルに達するジャガイモ帯だが、ここではそれぞれの場所にあった多くの種類のジャガイモがつくられている。ひとつの村でも一〇〇種類を超す品種が使い分けられ、それぞれに名前がつけられている。これらの品種は全てインディオたちがつくりだしたものである。野生種は親指の爪ほどのものだったという。これを大きなジャガイモに品種改良したのである。インディオたちはすばらしい育種家なのである。ジャガイモが圧倒的に多いのだが、ジャガイモだけではない。その他にもいくつかのイモ類を栽培している。

ジャガイモは基本的には移動畑でつくられている。冷涼な高地には木がほとんどなく、普通は芝草のようなもので覆われているのだが、そこを踏み鋤で掘り起こしてつくる。三、四人の男が組になって土中に踏み鋤をつきたて、手前にこじって土塊をひっくり返す。すると、向かいあった三、四人の女がその土塊を壊し、雑草の根を取り除く。耕起作業は基本的には複数の夫婦の共同作業である。こうしてつくった畑に、小さな穴をあけ、種イモを二、三個ずつ入れておく。なかにはこのとき厩肥などを入れる人もいるが、普通は無施肥である。最も重要なジャガイモ地帯のプーナだと、この植付け時期は九月末から十月である。こうして使われた場所は一作すると、一〇年間ほど休ませる。

標高四〇〇〇メートルを超すルキでは耐寒性のある特殊なジャガイモがつくられる。これは苦いジャガイモなのでそのままでは食べられない。だから、特別な処理をしてチューニョと呼ばれる乾燥ジャガイモにつくりあげる。六月になって凍てつくようになると、人びとは急いでルキのジャガイモを掘り起こし、それを露天に曝す。するとジャガイモは夜のうちにカチカチに凍結し、陽が昇ると融ける。これを繰り返すと、数日するとブヨブヨになる。こうなったところで、これを素足で踏む。すると、ザクッザクッという音をたてて、イモははじけ、中から水がほとばしり出る。こうして水を絞り出したものを天日で乾しあげ、干からびたジャガイモにつくりあげる。これがチューニョである。チューニョにすると苦味がとれる。

こういうふうな工夫をして、とにかく多種類のジャガイモをつくり、多様な方法で処理をして主食としている。これが冷涼な高地に住むインディオの生活である。

儀礼とトウモロコシ

冷涼な高地に住んでジャガイモを主食にしているインディオだが、彼らはトウモロコシもつくっている。東斜面の村では十月になって雨季が始まると村人が一斉に下方の谷に下る。そこにある共同耕地にトウモロコシを播くためである。共同耕地は本村から標高にして一〇〇〇メートルも下にあるのだから、日帰りはできない。だから、出小屋をつくっておいて泊りがけで行なう。一週間ほど泊って、耕起、播種、柵づくりを終えて、また高地のジャガイモ地帯に帰ってくるのである。

昔は谷にいてトウモロコシを専門につくるインディオの村もあったのかも知れない。山本によるとインカ帝国の時代には王の命令でトウモロコシづくりのための入植村がつくられるようなこともあったという。下方の斜面で灌漑施設のある棚田をつくってトウモロコシをつくったのである。インカの棚田は大変有名である。急な斜面に見事な棚田がいくつもつくられた。なぜ、こんなことをしたのかというと、彼らの信仰する太陽神を祭るためのチチャ酒をつくるためにトウモロコシが必要だったたからである。王は多くの処女を抱えていて、彼女たちに糸つむぎや機織りをさせる他にトウモコロシを噛ませ、チチャ酒をつくらせて太陽神を祭ったのだという。トウモロコシは御神酒の原料としてつくられていたのである。

トウモロコシが収穫されると王はそれを三等分したという。三分の一は御神酒用である。三分の一は国の倉に入れた。そして、三分の一を生産者に残した。ここで国の倉に入れられた三分の一だが、これもまた多くはチチャ酒になった。このチチャ酒は王が行なう多くの行事の際に使われた。例えば、戦争に行くときとか、灌漑施設の新設や修理のための工事のときにふんだんに使われた。トウモロコシは王によって集められると同時に、チチャ酒という形になって国民に再配分されるようなことにもなっていたのである。

こういうことだから、トウモロコシは民衆の主食というよりも、もっと儀礼的、政治的なものであった。だからこそ、トウモロコシの棚畑はあれほどまでに豪華に見事につくりあげられていたのだという。確かに、移動耕作をしているジャガイモ畑と、大きな石を組みあげてつくったトウモロコシ畑とでは見た目もまったく違う。トウモロコシ畑は神に捧げる御神酒の原料をつくる場所だから、清浄につくらなければならないし、同時にそれは王にかかわるものだから、権威の現われ出ているようなものでなければならない。

リャマとアルパカ

アンデス山地はまた牧畜の世界でもある。ちょうどヒマラヤの山地で雑穀と同時に牧畜もきわめて重要であったのに似ている。ここではリャマ、アルパカ、羊が多く飼われている。

リャマはラクダに似た大型の動物である。ラクダより小さいが、五〇キログラムぐらいの荷物を載せて長距離の山道を歩ける。だから運搬用に使われる。アルパカはやはりラクダ科の動物だが、リャマよりはるかに小さく、むしろ羊に似ている。これはいい毛を持っているので、それを刈って羊毛のように用いられる。リャマもアルパカも肉は用いられるが、乳は用いられない。

図32　ペルー南部にあるインカ時代の遺跡マチュ・ピチュ
撮影：中田春奈（滋賀県立大学２年生）

ところで、このリャマとアルパカは冷涼な高地の草を食って生きている。とりわけアルパカのほうは高みの柔らかい草でないと食わない。それで乾季になって高地の草も枯れだすと、もっと標高の高い寒冷な高原（プーナ）に登って、そこの湿原の草に頼って生きることになる。ときには五〇〇〇メートルに、放牧のために登る。インディオたちは彼らの生活の基本である運搬、肉、繊維を、こうしてリャマとアルパカに頼っているので、どうしても高地に住む必要があるのである。

羊は後にスペイン人が導入した家畜である。これは多くはミスティたちが所有しているのだが、冷涼な高地がどうしても飼育条件はよいので、自分たちの羊をインディオに頼んで飼育してもらう人が多い。こういうわけで、高地での家畜頭数はますます多くなるのである。普通のインディオは一戸で平均一〇〇頭ぐらい、多い家だと数百頭の家畜を飼っているという。牧畜の比重は相当高いのである。

私はジャガイモの主食としての重要性を強調し、トウモロコシの儀礼や社会面での役割を書いたが、ひょっとするとリャマやアルパカの重要性はそれ以上なのかも知れない。そもそも、インディオたちが「冷涼な高地」に拠点を据えたのはここがリャマやアルパカの生息域であったからだという可能性が大きい。そして、たまたまここはジャガイモ帯でもあったわけである。さらにいえば彼らがジャガイモだけでなく、もっと多様なもの、例えばトウモロコシ、トウガラシ、棉といったものを求めるようになったとき、それの入手が可能になったのも、リャマのような動物がいたからである。インディオたちは世界でも例を見ないような大きな高度差を利用している。標高五〇〇〇メートルの高所から、ほとんど海抜ゼロメートルの低地までを生活圏に入れている。こんなことが可能になったのもリャマがいたからである。

一説によるとリャマは八〇〇〇年の昔にすでに家畜化されていたといわれている。インディオ文化はひょっとするとその最も基層のところにリャマ・アルパカ飼育を組み入れている可能性がある。

(2) インディオの社会とその変容

インカ帝国時代のインディオの社会にはよくまとまった農民共同体があった。そして、それをとりまとめた強力な王がいた。伝統的なインディオ社会と、スペイン人到来後のそれの変容を見てみよう。

農民共同体

インディオたちがお互いに助けあう共同体をつくっていたというのは、結局はそうせざるをえないような生活を送っていたからである。彼らは標高差にして三〇〇〇メートルを超すような範囲を季節的に移動しながら生活をしている。こんな広範囲に生活圏を広げているのは、多種類の食糧を手に入れて、豊かな生活をするためであるのだが、また一面ではこうしないと危険でもあったからである。気候的には必ずしも恵まれていないこの山地では突然の悪天候に備えて、なるだけいろいろの環境の所に農地を開いておかねばならなかった。こうして、彼らの利用する土地の標高差は三〇〇〇メートルを超すようなことになったのである。

このことが共同体の存在と直接に関係している。例えばこんなことがある。寒冷な高原プーナ（一七六ページ図31参照）のジャガイモ地帯の植付けが完了すると、刻を移さず、温暖な谷にあるヤクタ・サラのトウモロコシ畑の耕起、播種に向かわねばならない。十月上旬である。この作業は、すぐに次にルキでの苦いジャガイモの植付けの仕事があるからゆっくりはやっておれない。だいたい一週間で終わってしまう必要がある。ところで、このトウモロコシ畑の播種作業というのがそうは簡単にいかないのである。なにせ、この山地は全体が放牧地のようなものだから、畑はしっかりした柵で囲っておかねばならない。インディオたちは播種をしてしまうともう収穫のときまでここには来れないのである。その間に家畜に入られないように、しっかりとした柵をつくっておかねばならない。こういうことになると、一人だけで畑をつくっておくよりも、仲間で畑を集め、その全体を囲うしっかりとした柵を皆で共同でつくるほうがよっぽどよいのである。

耕起作業自体にも共同労働が要求されるのである。播種が終わると除草に来ることができないのだから耕起時になるだけ深く掘り起こし、雑草の根は徹底的に取り除いておくことが要求される。こうなると一人で作業することは実に能率の悪いことになる。図33にも示されたように数人で横並びになり、一斉に踏み鍬を土中深くに突き立てて、掛け声とともに大きなブロックを掘り起こしたほうが楽である。そうして掘り起こしたブロックを女たちが崩し、雑草の根を取り除く。山本紀夫はこのことにかんして、インカ・ガルシラソ・デ・

図33　踏鋤を使ったインカ時代の農作業
山本（1992年）より転載

ラ・ベガの『インカ皇統記』(牛島信明訳、岩波書店)を次のように引用している[31]。

「彼等は長さ一尋ほどの棒を鍬として用いた。(中略)彼等は親族、あるいは隣人同士で七人から八人の組をなして作業を行い、全員一緒になってひとつのことにあたるので、それを見たものでなければとうてい信じられないような、巨大な芝生の塊も平気で掘り起こしてしまう、しかもそれを、合唱のリズムを乱すことなく、やすやすとやってのけるのは、ますます驚嘆に値する。女たちは男衆の反対側から、素手で芝生の塊を掘り起こすのを手伝い、雑草の根を引き抜く。そうすることによって雑草が枯れ、後になって除草の手間が省けるようにするためである。彼女たちはまた、夫たちの歌にも加わり、特にハイリ(勝利を意味する言葉)を繰りかえすところでは、妻達の声が一層の活気を添える[30]」(一一六ページ)

インディオたちはその耕起を、バラバラの個人としてやっているのではなく、キッチリ組み上げられた共同体の中でやっていたのである。ちなみにいうと、図の中で立った女がコップを差し出している。これはチチャ酒だという。手間替えで手助けに来てくれた隣人に畑の持主の妻がチチャ酒を振舞っているのである。

農作業だけが共同体を必要としたというのでは、たぶんないだろう。いろいろの局面で共同体は必要とされたに違いない。長距離のキャラバン、それに普段の生活でさえ、この過疎地では一人でそれをやることは危険なはずだ。強盗に襲われる危険性もあったに違いない。それに何よりも、この広大すぎる世界では一人でいるということは淋しすぎることだったに違いない。

皇帝の役割

王はインカ帝国存続のためにどんな役割を果たしていたのだろう。第一は明確な世界観を人びとに示したことである。イデオロギーを呈示したといってもよいかも知れない。第二は武力を持っていて治安を確保したことである。第三は的確な経済政策をとっていたことである。第一と第三は直接関連しているのだが、この点を少し整理して見ておこう。

インカ帝国では太陽が最高の神であり、太陽を崇めることによって帝国は栄えるとされていた。また、皇帝は太陽の子孫であるとされていた。だから、皇帝の最も大事な任務は太陽を祀ることであった。このために皇帝は首都のクスコに巨大な太陽神殿を建て、地方にもいくつもの太陽神殿を建て太陽を祀らせた。神殿には処女たちを集め、祭祀に用いる布を織らせ、チチャ酒をつくらせた。

皇帝はまた農業開発にもきわめて熱心であった。灌漑施設を整え、トウモロコシをつくり、そのトウモロコシからつくったチチャ酒を太陽神に捧げ、太陽神の加護を得、こうして一層帝国を強力にしていく。これが皇帝のつとめであった。トウモロコシ畑の開けそうな所には人を移して畑を開かせ、あるいは弱小部族を征服すると、その地域にも太陽神殿をつくり、灌漑トウモロコシ畑を開いた。皇帝は灌漑トウモロコシ農業を中心技術とした開発皇帝でもあったわけである。この開発皇帝が行なった徴税法が先に述べたようなトウモロコシの三分法であった。

こうしてみると、皇帝は帝国の守護神太陽神の司祭として正統性を確保し、灌漑トウモロコシ農業の振興という国家事業を統括していたのである。そして、その事業のために生産物の三分の二を農民から取り上げていたのである。だが、同時にその事業への労働奉仕に集まる民衆に、徴集したものを配分、還元もしていた。貨幣を欠如した世界で、帝国の経済は、トウモロコシ・チチャ酒が貨幣に代わるものとして動いていたのである。そしてそれを還流させる役目をしていたのが皇帝だったのである。

スペイン人の到来後

スペイン人に征服されると皇帝が殺され、インカ帝国が崩壊し、インディオ社会は大きく変わった。いろいろのことが変わったのだが、ここでは二つのことだけに絞って述べておこう。

ひとつは太陽神信仰が消えたことである。もともと、インディオの多くは汎神論者であった。山や川や巨木や、いろいろのものにカミを見出し、八百万の神を信じていた。なかでも母なる土地のカミを信じ、その土地のカミが家畜や農産物に豊穣をもたらしてくれると信じていた。太陽神信仰はそうした伝統のなかに、皇帝とそれをとりまくエリートたちが突然持ち込んだ宗教だったのである。農民たちは必ずしも太陽神を心の底から信じたわけではなかった。だから、帝国が崩壊すると、太陽信仰はもろくも消えていった。

太陽信仰に代わって、その位置に入ってきたのがキリスト教であった。それはスペインの政策で広がった。しかし、強制的に集団洗礼を受けさせられたインディオが、本当に一神教徒になったのかどうかということになると、それははなはだ疑わしい。

今ひとつの変化は、インディオの生活域が著しく狭められたことである。かつては冷涼な高地と温暖な谷の二つを拠点として、ジャガイモ・トウモロコシ農耕をやり続けてきた。しかし、スペイン時代に入ると、ジャガイモ帯だけに押し込められることになった。

インカ時代の共同体のことをもう一度振りかえってみよう。当時は高地でのジャガイモ、谷地でのトウモロコシがいわば国家的秩序のなかで機能分担をしながら非商業的につくられていた。つくられたジャガイモとトウモロコシは常に等価で交換されたという。高地でつくられた一〇〇キログラムのジャガイモはリャマで谷地に持って降りられると必ず、一〇〇キログラムのトウモロコシと交換されたという。ジャガイモもトウモロコシも、その使われ方は違うのだが、ともに国家にとっては必要なものだったから、優劣などつけずに等価で交換されていたのだという。国の民として生活していくとはそういうことだというふうに、人びとは最初から考えていたのである。だが、突然、そういう世界の中に経済の観念が進入してきた。

経済優位の観念はスペイン人の到来とともに入ったのだが、これがすさまじい勢いで拡大したのは一九七〇年ころからだといわれている。このころからは何をするにも現金が必要になってきた。とりわけ子どもたちを学校へ送り出すことが必要になり、そのためには現金が必要になってきた。ジャガイモはトウモロコシと物々交換するのではなく、市場で売って現金に換えるものだ、ということになってきた。もっとてっとり早い現金収入の方法は、村を出て、町で働くことである。こうして、この二、三〇年の間に事態は急激に変化した。多くの人たちが現金を求めて動くようになり、そのために共同体はガタガタになった。

まことにもって惜しいとしかいいようがないのだが、すぐれた人間的な社会をつくっていたインディオの世界も、こうして、伸びてきた経済の魔の手から逃がれて生きていくことはできなかった。今、アンデスの農民たちは伝統と近代経済の間にあって大変な苦労をしているという。

第三章　売るための農業

その土地、その土地の個別の生態に適応して、土地の人たちが長年かけてじわじわとつくりあげてきた地域農業のことを前章では記述した。しかし、世界を見渡すと、そういうものとはまったく別の農業がある。もっぱら金儲けのことだけを考えて行なわれる農業がある。経営者は多くは他国者であり、その人たちの背後には世界的経済ネットワークがくっついている。こうした形で行なわれる農業の典型がプランテーションである。この章ではその代表的な事例をいくつか見てみよう。

一、カリブ海の砂糖キビプランテーション

世界で最初に現われたプランテーションはブラジルとカリブ海の砂糖キビプランテーションといってよいであろう。これは最初、ブラジル東北部のペルナンブコ地区で行なわれたのだが、すぐにカリブ海に飛び火して、そこで大々的に展開した。その様子を見てみよう。図34を参考にしていただきたい。

(1) 砂糖キビ栽培略史

最初期の砂糖キビ栽培

ペルナンブコの砂糖キビプランテーションの中心地だったレシフェに行って私は驚いた。ポルトガル領だったはずなのにオランダの雰囲気が強い。いったい、どうなって

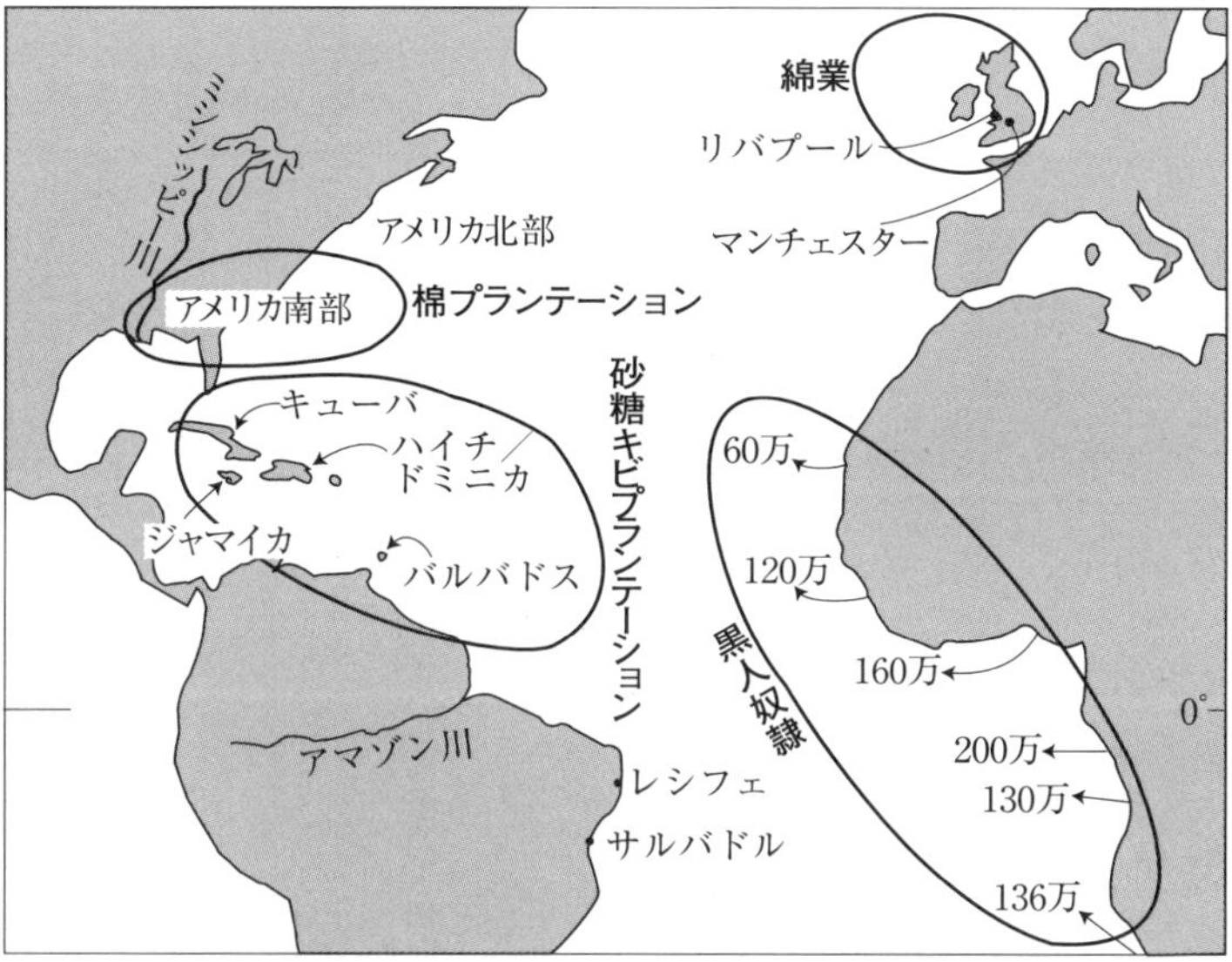

図 34　大西洋とプランテーション経済
注：60 万などの数字は 1526 年から 1810 年までの黒人奴隷積出し（推定）数

いるのだ。

レシフェは今はブラジル第四の大都会で、大西洋を眼下に見落とす高台の上にある。大西洋の荒波が洗う岸壁にスインコ・ポンダス城塞がある。その背後にペブリカ広場があり、そのまわりには州庁、裁判所など堂々とした建物が多い。州庁は一六世紀にオランダの総督の邸宅として建てられたものである。一六世紀、はじめてこのあたりが開かれたとき、ここにはポルトガル人ではなく、むしろオランダ人がいたのである。

どうしてこういうことになったのかを少し探ってみよう。砂糖キビはもともとはアジアの植物である。アジアではきわめて古くから利用されていたが、一〇世紀にはメソポタミアやナイルデルタにまで拡散している。イスラーム商人がこの作物と製糖技術をこれらの地に移し、大規模に製糖をやっていた。イスラーム圏に接していたポルトガルとスペインはこの砂糖づくりの方法を習っていたらしい。ポルトガルは早くから大西洋の島で砂糖キビをつくっていたようである。スペインもコロンブスがイスパニオラ島（今のハイチとドミニカ共和国）に砂糖キビを持ち込んでいる。

しかし、この方面で砂糖キビが本当の商品として大々的につくられるようになったのは、オランダ人がブラジルに到来してからである。スペインやポルトガルは軍事征服と金銀掘削には熱心だったが、その他のものにはあまり熱心ではなかった。ところが、オランダの商人たちは違った。彼らはもともとが商人で、新しい交易品にはきわめて敏感だった。そのオランダ人が砂糖は儲けになるということで、いわばポルトガルの肩代わりをしてプランテーションを開いたのである。こうして、レシフェは世界最初の砂糖キビプランテーションの中心地として現われ出たのである。

一六二〇年ころまではオランダ人とポルトガル人は共同経営のような形でこの事業を続けた。しかし、やがて両者は不仲になり、オランダ人はここを追い出された。だが、このころには砂糖キビ栽培はカリブ海に広がっていた。そして、イギリスが登場してくるのである。

カリブ海の登場

イギリスは一六二四年になるとバルバドス島に黒人奴隷を入れだした。一六四〇年になると、その投入量を大々的に増やしてプランテーションを一気に増やした。

一六四二年の記録によると、この島には毎日五〇〇人の奴隷が到着していた。地価も一六六〇年までの二〇年間に一〇倍に膨れ上がり、大変な活況が到来した。いわゆる「砂糖革命」が到来したのである。やがて、このバルバドスの活況はもっと大規模にジャマイカでも起こることになった。続いて一八世紀後半になると栽培はフランス領のサン・ドマングにも広がった。「砂糖革命」は燎火のようにカリブ海全体に広がっていったのである。

とはいえ、砂糖キビプランテーションは順調に進展したわけではなかった。黒人奴隷の反乱がいくつも起こった。一七三〇年にはジャマイカで、一七九一年にはサン・ドマングで大反乱が起こった。後者は結局は史上最初の黒人共和国ハイチをつくることになった。この結果、フランスが後退した。

こうした変化のなかでやがてキューバが出てきた。キューバはスペイン領であった。このキューバに一八六八年になるとクリオーリョ（黒人とスペイン人の混血）の独立運動が起こり、これに奴隷も加わった。こういう状況のなかで一八九八年にはアメリカの介入があってクリオーリョは独立を獲得した。しかし、独立が達成されるとキューバはすぐにアメリカの事実上の植民地にさせられてしまった。アメリカのプランターたちが押しよせ、それまでのクリオーリョたちにはできなかったような大規模なプランテーションをつくった。

一六世紀、ブラジルのレシフェ周辺で始まった砂糖キビプランテーションはこうしてその後猛烈な勢いでカリブ海に広がった。カリブ海にはスペイン人、オランダ人、イギリス人、フランス人が次々と現われ、プランテーションを広げていった。二〇世紀に入るとアメリカ人が現われ、より大規模にこの事業を推し進めた。この間、この島々にもともと住んでいたカリブ人たちは完全に絶滅させられてしまった。そして、ここはプランターと黒人奴隷の世界になったのである。

(2) 黒人奴隷

奴隷の定義

奴隷といってもいろいろあって、その内容は一様ではない。奴隷といわれるものの地域的な差をまず最初に少し見ておこう。

古代ローマには多くの奴隷がいた。ローマは強くて周辺の諸民族を征服すると、被征服民を奴隷にし、その人たちを用いて広大な庄園を経営した。いわゆるラティフンディウムである。この奴隷は「口を利く道具」というように考えられ、家畜なみで人格はまったく認められていなかった。

中国にも古くから奴隷はいた。中国では奴婢という言葉が用いられるが、これはローマの場合と違って人格は認められていた。主人は奴婢を無償でいくらでも働かせたが、人間として扱った。だから主人といえども奴婢を勝手に殺すことは許されなかった。そればかりか奴婢といえども財産を持つのが当たり前と考えられていた。

イスラーム世界でも昔から奴隷はいたが、けっして人格が認められないようなものではなかった。ここでは非イスラーム教徒を購入してきて、女だと料理人や子守などにした。男は軍事訓練を受け傭兵になった。優秀だとどんどん出世して将軍にもなった。異分子を取り込む考え方が広く受け入れられているイスラーム圏ではこういう形で、傭兵だけでなく行政官などにもどんどん取り入れられている。もちろん、下積みに終わった奴隷も多かったのだが、きわめて大きな可能性があったという意味ではローマのそれとはまったく違う。

東南アジアの奴隷はまた違う。戦争捕虜が奴隷になったり、債務奴隷も多くいたのだが、彼らの多くは家事労働にたずさわり、主人の僕者といった位置にあった。債務奴隷の場合は年季が明けると自由人に返れた。

こういうのに比べると、カリブ海で見られた黒人奴隷は相当ひどいものであった。何よりも人格が認められていなかった。この点では中国やイスラームや東南アジアの場合とはまったく違う。系譜を求めるとすれば、古代ローマのそれに通ずるものである。

奴隷貿易

奴隷貿易の基本は、アフリカ大陸で黒人を捕え、それを船でブラジルやカリブ海諸島に運んで儲けるというものである。ごく初期にはヨーロッパ人自身が奴隷狩りをすることもあったが、後には海岸に住む黒人に鉄砲を与え、彼らに黒人を狩り集めさせた。奴隷狩りをした黒人は武器を得て強くなり、多くは海岸近くに王国をつくることになった。

こうして集められ海外に搬出された黒人の数が表2に示されている。一七世紀だとまだ、カリブ海への搬出は少なく、もっぱらブラジルに出ている。オランダが事業を牛耳っていた時代である。一八

ごとの奴隷移入数 (1,000 人)

[1601—1700]	[1701—1810]	[1811—1870]
1.2	—	—
—	—	—
23.9	—	—
—	348.0	51.0
292.5	578.6	606.0
560.0	1,891.4	1,145.4
263.7	1,401.3	—
155.8	1,348.4	96.0
3.3	484.0	—
1,341.1	6,051.7	1,898.4

より引用

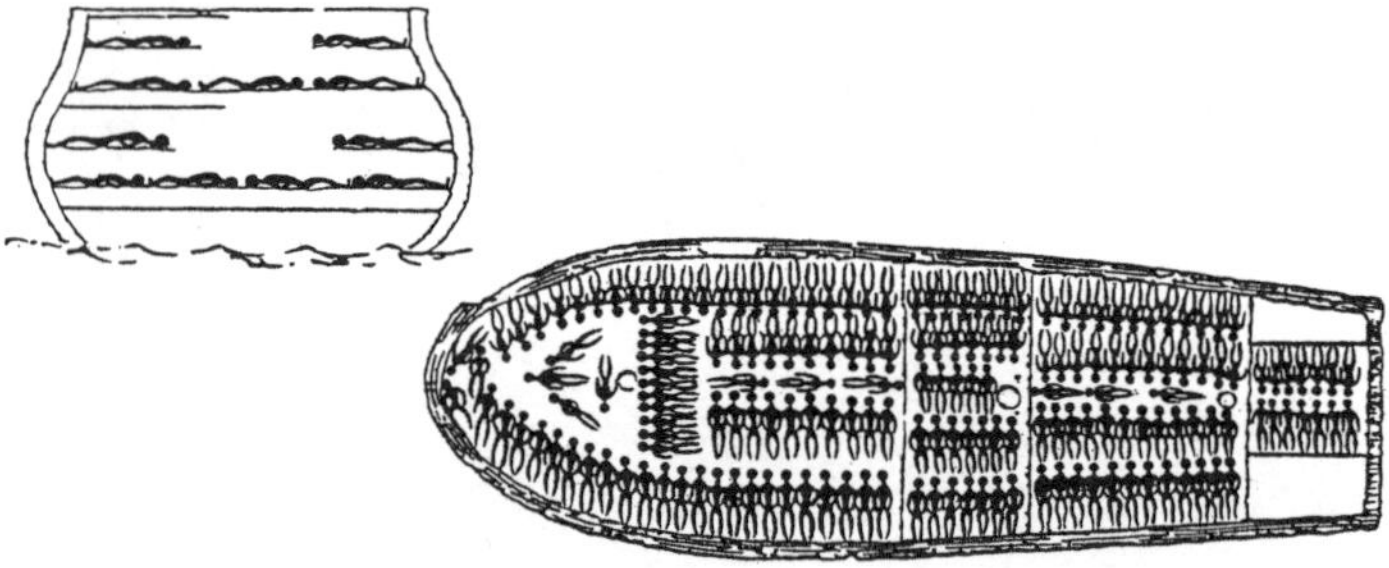

図 35 アフリカの黒人を運んだ奴隷貿易船

アフリカ人たちは材木のように積まれて運ばれた。死者は多かった。4 世紀間に生きてアメリカ大陸に上陸した奴隷は約 1,500 万

清水知久，1984 年『近代のアメリカ大陸』(ビジュアル版「世界の歴史」15) 講談社，p. 121 より転載

表2　地域・年代

		［1451 — 1600］
旧世界	ヨーロッパ	48.8
	大西洋諸島	25.0
	サントーメ	76.1
イギリス領北米・合衆国		—
スペイン領アメリカ		75.0
ブラジル		50.0
イギリス領カリブ海諸島		—
フランス領カリブ海諸島		—
その他カリブ海諸島		—
合計		274.9

平凡社『ラテン・アメリカを知る事典』p. 272

世紀になると搬出量は一気に伸びている。実際、一八世紀が奴隷貿易の最盛期である。このとき、一気にカリブ海が奴隷の主輸入地として現われてくる。一九世紀には奴隷貿易を禁止する国が現われ、搬出量は減っていく。

奴隷貿易を行なう船はヨーロッパから鉄砲や酒や布などを積んでアフリカに向かった。アフリカからはもちろん黒人を運ぶわけである。アフリカからカリブ海までは一ヵ月半から三ヵ月かかった。輸送は劣悪きわまりない条件で行なわれたから、多くの奴隷が死んだ。例えばイギリスの王立アフリカ会社の記録によると、一六六〇年から八八年までの間に運んだ奴隷数は六万七八三人だったが、目的地に引き渡されたのは四万六三九一人であった[32]（加茂雄三『地中海からカリブ海へ』一九九六年、平凡社、三四ページ）。途中で病死したり、海に飛び込んで死んだ人たちが全体の二三パーセントに達していたのである。この数は一八世紀の中ごろには一〇パーセントに下がるのだが、一〇パーセントでも大きな数字である。

奴隷貿易船の多くはアフリカ西海岸とカリブ海の間を往復した。別の船が今度はカリブ海とヨーロッパを結んだ。一八世紀後半のイギリスの場合だと、イギリス領カリブ海諸島からの積出しは砂糖、ラム酒、糖蜜が圧倒的に多かった。

農園の生活

一八世紀後半のジャマイカの様子を見てみよう。ほんのひと握りのプランターが土地と工場を持っていて、あとは大量の黒人奴隷からなっていた。プランターは誰一人、キューバに骨を埋めようとするような人はいず、皆本国のイギリスを向いていた。子女はもちろん、イギリスで教育していたし、自分自身も老年になったら引き揚げて帰ろうとしていた。ここは金を稼ぐだけの所で、いわゆる地域社会などではなかったのである。

平均的なプランターだと二五〇ヘクタールの畑を持ち、二五〇人の奴隷を持っていた。各プランターは、砂糖の樽詰めまでをした。大部分の奴隷は畑で植付けや除草、刈取りをし、刈られた茎を工場に運んだ。一部の奴隷が工場にいた。工場ではまず搾汁である。牛に曳かせてまわる三本のローラーの間を通して搾汁した。この汁をすぐに煮沸、濃縮し、さらに粗糖と糖蜜に分けた。いくつもの炉の並ぶこの工場での作業は猛烈な熱と重労働で、大変だったという。多くの作業員は二年もすると使いものにならないほどに体をこわした。

奴隷はその年齢によって、四つのギャング（グループ）に分けられていた。二〇歳から四〇歳が、いちばん使いごたえのある層で重労働はほとんどがこの層に与えられた。男も女も同様である。ボイラー係などは先に見たように二年でだめになったが、他の仕事もみな大変だった。四〇歳以上になってまだ働ける健康体を持っている人はほとんどいなかったという。主人側は一年半か二年働かせればそれで減価償却は済むと考えていたという。それほど安い値で仕入れ、それほど能率よく使ったのである。

労働が苛酷をきわめたと同時に生活環境も劣悪であった。プランターたちはけっして同じ部族の人間をいっしょに働かせたり住まわせたりしなかった。申し合わせて反乱することを恐れたからである。与えられた食料もけっして十分ではなかった。普通はプランテン（料理用のバナナ）とヤムイモだけだった。ときに塩漬けの魚や肉、それにトウモロコシやコメが与えられた。衛生状態が非常に悪く、下痢や腫れ物がいつもはやっていた。一七七四年の報告には、こうした劣悪な衛生環境のために死亡率が高く、ジャマイカだけでも毎年六〇〇〇人を補充しないと人口が減ってしまう、と述べられている[33]（川北稔「大西洋奴隷貿易の展開とカリブ海域」歴史学研究会編『講座世界史』2、一九五五年、東京大学出版会所収）。

ひどい生活環境、厳しすぎる労働のために逃亡や反乱が絶えなかった。それに対しては必ず苛酷な処罰が行なわれた。例をあげればきりがない多さであるが、一例だけをあげるとこんなものがある。ジョージ二世の即位を記念して、一七三六年十月に舞踏会が行なわれることになっていたが、その際に反乱が計画されているということで容疑者が逮捕された。八八名が処刑され、三六名が島外に売却された。処刑者のうちの五名は車裂き、六名が絞首刑、七七名は火炙りであった。処刑後、その首は長く晒し首となった。白人一人に対して七・八人の奴隷を抱えて、反乱の恐怖に常にさらされていたプランテーションである。この種の強行手段でのぞまないと安心できなかったのであった。

二、工業路線をとったイギリス

イギリスは農業よりも工業が重要だと肚を決めた。そして、いわゆる近代世界資本主義路線を推し進めた。そうしたなかで出てきたのがプランテーションで、アメリカ南部の棉プランテーションはそのひとつである。

(1) 重商主義路線の展開

一五世紀になるとヨーロッパでは都市が発達し、商業的農業が広がりだしていた。オランダの農民が意欲的に販売用の牛乳生産を始めたことはすでに述べた。市民だけでなく、王たちも重商主義を採用しだした。儲けになる商品をつくり出し、それを外国に売って儲けようということである。イギリスでもヘンリー八世(一四九一―一五四七年)がその政策を断行した。

ヘンリー八世は、それまでカトリックの修道院が持っていた土地の多くを没収した。理由は、ローマ法王はイギリスの所領から集めた金を裏でフランス王に与えている、だからフランスは栄え、イギリスは苦しんでいる、この不法は正さねばならない、というのであった。没収した土地は企業心のあるイギリス人に分け与え、そこで羊を飼わせた。そして政策を次のように展開させていった。原毛を輸出する場合には高い輸出税を課し、糸や布に加工されたものは安い税にした。イギリス国内での羊毛工業の発展を図ったのである。それまでだとイギリスの羊毛は原毛のまま対岸のアントワープなどに送られて、フランスやベルギーを儲けさせていた。

王はまた、いわゆる「囲い込み」を実施した。「囲い込み」とはある一定の場所を柵などで囲い込み、そこから農民を排除し、もっぱら専門的に羊を飼うことである。その場を追い出された農民は農業を諦めざるをえなかった。こうして追い出された農民の多くは、新しくつくられた毛織物工場の労働者にさせられた。

ヘンリー八世の重商主義政策ははっきりとこの国の進む方向を示していた。それは、イギリスは工業製品をつくり、それを外国に売って生きていく、という方向である。そのためには農民はいらない。食糧は工業製品を売って儲けた金で外国から買えばよい、というものであった。実際、この政策はイギリスではその後ずっと引きつがれ、一八世紀末から一九世紀半ばにかけて、いよいよ本格的なものになった。例えば、議会エンクロージャーなどというのが出てきた。農民つぶしは議会決議を経て組織的に行なわれることになったのである。プランテーションにつながる出発点はこのヘンリー八世の重商主義にあると私は考えている。

さて、一六世紀後半になるとイギリス人は東インド会社をつくって東南アジアでの香料貿易に向かったが、ものの見事にオランダに排撃されてしまった。しかし、この敗北はイギリスにとっては好運であった。東南アジアの帰路イギリス商人たちはインドで綿布を発見した。この綿布を本国に持ち帰るとこれが大変な人気を呼んだ。なにせ、それまでのイギリスには羊毛製品しかなかったのである。洗濯が可能で清潔に保てる綿布は人びとの間に爆発的な人気を呼んだ。それで、東インド会社は香料貿易をスッパリとやめて綿布輸入に徹した。

すでに前章でも論じたように、インドは二〇〇〇年の昔から世界の農業の核心域であった。稲・ミレット農業を基盤にしながら棉栽培と綿布生産を大々的にやっていた。実際、インドは紀元前から世界の綿布の最大の供給地だったのである。一七世紀になってはじめてインド綿の優秀さを知ったイギリス人たちだったが、いったんこれが売れるとなると、彼らは全精力を傾けてこれの輸入に取り組んだ。

しかし、やがて、この綿布輸入は縮小していった。製品の綿布を輸入するよりも原綿を輸入してイギリスで織ったほうがより儲かるということで綿花輸入に切りかえたのである。そして、後にそれはもっとエスカレートしていった。インドの紡織業を粉砕し、綿布生産の独占に乗り出したのである。このことは後にもう一度述べよう。

(2) アメリカの棉プランテーション

イギリスの綿産業は大発展した。イギリス商人は大馬力でインドから原綿をイギリスに運んだ。それでも原料の供給が間にあわなかった。それで、イギリスは新しい綿花生産地を開くことにした。この新しい生産地として登場したのがアメリカ南部である。

南部の登場と没落

最初にアメリカの歴史を簡単に見てみよう。アメリカ大陸にイギリス人の渡来が始まるのは一六二〇年である。北に到来した人たちは漁業や貿易を行なった。一方、南に到来した人たちは農業や牧畜に向かった。南は平野が広く気候が温暖であったから、農業や牧畜に適していたからである。

南部の海岸部では人口が増え、そのうちの何パーセントかの人たちは裕福な農民になった。一方、少なからぬ人たちが新天地を求めて内陸に移動していった。こうした人たちは農業よりもむしろ牧畜を中心にし、移動と拡散を続けた。こうして、彼らはインディアンを追い払いながら、ミシシッピー川流域へ向かっていったのである。入植当初のアメリカにはこうして多様な生活型を持つ人たちがいたのだが、力を持ったのは海岸の定着農民だった。やがて、彼らは団結し、母国イギリスに反旗をひるがえし、独立を勝ちとった。アメリカの独立は一七七五年である。

一七七五年ころといえば、イギリスではマンチェスターとリバプールが現われたころである。前者

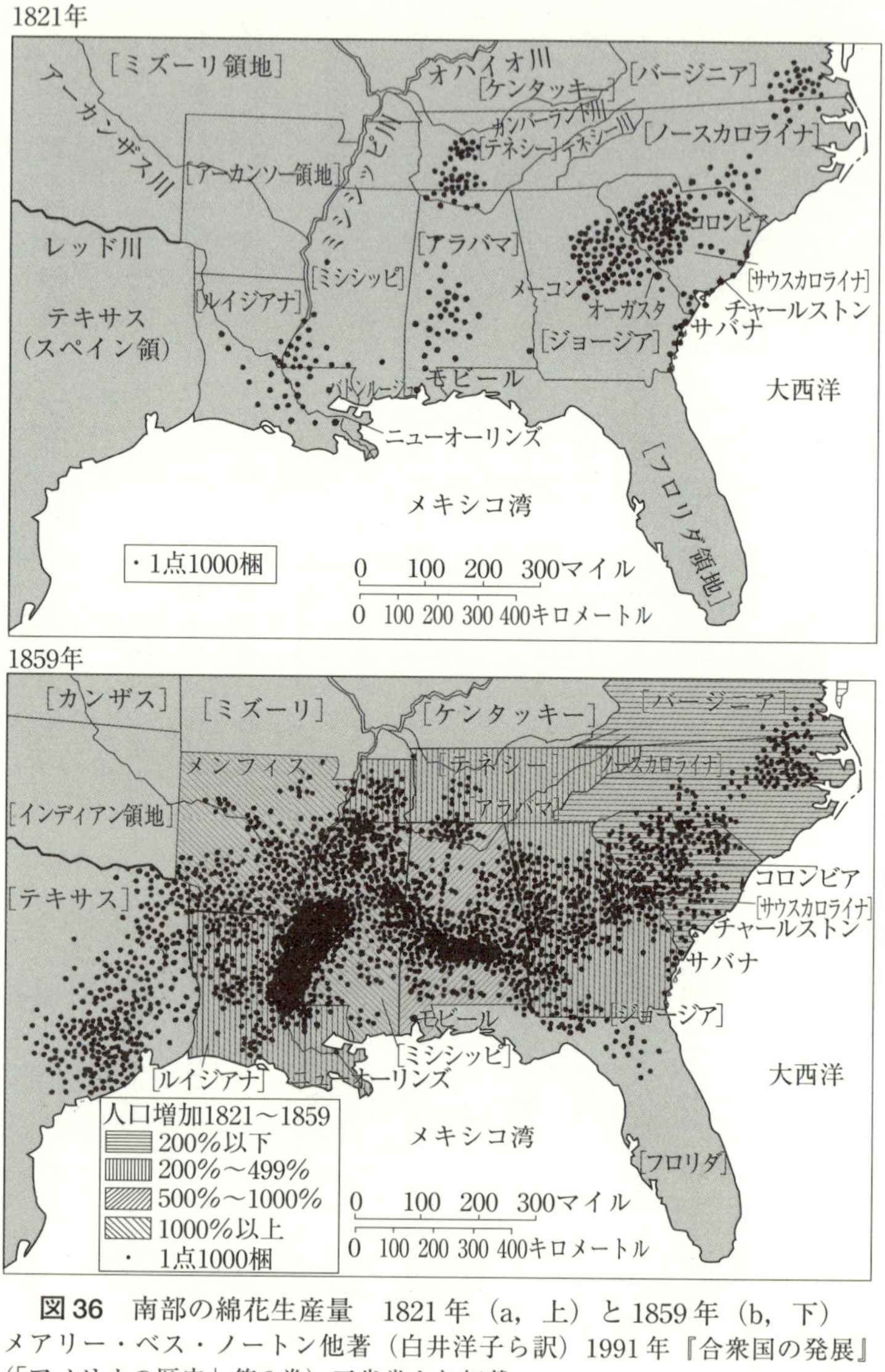

図 36　南部の綿花生産量　1821 年（a，上）と 1859 年（b，下）
メアリー・ベス・ノートン他著（白井洋子ら訳）1991 年『合衆国の発展』（「アメリカの歴史」第 2 巻）三省堂より転載

は綿紡織専門の工場町としてつくられたものであり、後者は前者のために原綿を陸上げし、製品の綿布を積み出す港である。イギリス人はこういう二つを計画的につくりあげ、いよいよ綿工業の独占態勢を整えた。こういう状態が整い、工場がフル稼働すると原綿が不足しだした。こうしたなかで新しい棉栽培地として登場してきたのがアメリカ南部である。南部の棉づくりは一九世紀に入ると一気に伸びた。図36のaとbを見ると、その急増の様子がよくわかる。

南部の棉プランテーションは大変な好況を呈することになった。だが、それ以上の発展をしたのが北部であった。一九世紀中葉になると北部はそれ自体がマンチェスター、リバプールに匹敵するような工業の中心になって、イギリス工業の競争相手になった。こうなると北部はイギリス経済の一翼を担う南部が許せなかった。これが原因で南北戦争が勃発した。熾烈な戦争が一八六一年から六五年にかけて戦われた。敗れたのは南部であった。南部はこれで潰滅的な打撃を受けた。戦争が終わっても南部は昔の棉プランテーションの隆盛を取り戻すことはできなかった。

プランターと黒人奴隷

一九世紀になると棉プランテーションが導入され、先に見たようにそれはアッという間に広がっていった。棉プランテーションは広がったけれど、南部にいた全ての白人がプランテーションの経営者になったわけではない。多くの人たちはそうなりたいと思ったが、実際に黒人奴隷を得て農業を行なえたのは白人のうちの三分の一ぐらいだったという。しかも奴隷を得た人も多くの人たちはごく少数の奴隷しか持ちえず、決して、大プランテーションはできなかった。白人といえども大多数の人はいわばこぢんまりと農業を行なっていて、自給的な社会が広がっていたのである。

アメリカの棉プランターたちの奴隷の扱いは他の地域のものに比べると、ずいぶんましなものであったという。カリブ海だとどんなに頑強な奴隷も七年間使えば使い物にならなくなった。それほど酷使したのである。それに比べるとアメリカの奴隷はずっと長持ちするように使われた。こういう使い方を、プランターたち自身は、自分たちは家父長的温情主義でもって使っているといっていた。とはいえ、問題がなかったかというと、けっしてそうではない。第一、プランターたちは奴隷を人間とはけっして考えていなかった。だから、牛や馬をていねいに扱うと同じ意味で、温情をたれ、長続きするように大事に扱っていたのだという。

一九世紀前半の南部はきわめて特異な情況を呈していた。先に見たように、西方ではインディアンを追い払って、そこに牧畜開拓前線を拡げる一群の人たちがいた。一方、ミシシッピ川の東では、多くの白人は農耕をし、とにかく奴隷を持てる身になりたいと考えていた。奴隷持ちになると、奴隷のない状態より、一〇倍以上の金持ちになったと人びとは感じたのだという。そのなかでも、大きなプランターになると、これはもう王侯のような取り扱いを受け、政治と経済を牛耳った。アメリカには、古きよき時代という言葉があるが、それは南部のこの時代を指している。

(3) 綿業と戦争

マンチェスターとリバプール

マンチェスターは海から五〇キロメートルほど内陸に入った所にあるのだが、きわめて多くの運河のある町である。これらの運河は一七六〇年代に掘られたものである。運河を掘り、それ沿いに織物工場をいくつも建てた。こうして綿花と石炭を搬入し、製品にした綿布を積み出した。町には工場の他に無数のコートハウスがつくられた。コートハウスとは集合住宅のことである。中庭を囲んだ三、四階建てのものだが、安普請で、水道も排水施設もないようなものだから、居住環境はきわめて悪い。工場とコートハウスがつくられると、ドッと人びとが集まってきた。一八〇〇年にはマンチェスターはもう六〇万人を超す大都市に成長していた。その発展がいかに急激なものであったかが窺い知れよう。

こういう爆発的な発展だったから、儲ける人は儲けたのだが、いろいろな問題が起こった。例えば、スラム街がひどかった。多くのコートハウスには便所がなかったから、人びとはオマルで用を足していた。そして、その糞尿を中庭や道に捨てるものだから、直視できないような状態だった。臭気や外見だけではない。しょっちゅう伝染病が起こっていた。学校などもほとんどなく、五、六歳の子どもが工場に働きに出た。そうした子どもが工場で機械に巻き込まれたりする事故がいっぱい起こっていた。多くの男たちは飲んだくれで喧嘩ばかりしていた。泥棒も多かった。フル操業をし、なお拡大の一途をたどるマンチェスターの市民の実状は、このようなものだったのである。

リバプールはこうしたマンチェスターの外港として原料輸入と製品輸出をやるためにつくられたのだが、実際にはもっと広範な活動をやっていた。奴隷貿易である。リバプールの商人はアフリカ西海岸に船を出して、そこで黒人奴隷を買い集め、それをアメリカのプランターのところに運んで売っていたのである。一九世紀の初めだとリバプールは世界で最も多くの奴隷貿易商の集まる所であった。

実際、今日でもリバプールを歩いてみると、いたる所で奴隷貿易にまつわるものに出くわす。例えば奴隷商人の名を冠した通りである。Cunliffe St., Earle St., Terleton St., Rodney St. などである。Cunliffe は一八世紀の前半に三回にわたってこの港町の市長をつとめた人で、同時に大奴隷商人であった。町の教会には同氏の功績を讃える顕彰の言葉が掲げられている。「氏は正直で立派な人だった。自分のためにも国のためにも大きな仕事をした」。自分のために奴隷貿易を活発にやっていたのである。こういう人が市長として市の発展を取りしきっていた。人名だけではない。地名もある。Goree St., Jamaica St. 前者は奴隷積出し地の地名であり、後者はそ

図37　イギリスの産業革命を支えたリバプールの倉庫

の奴隷が送られたカリブ海の島の名である。

三角貿易から戦争へ

このころイギリスが行なっていたのはいわゆる三角貿易であった。船はリバプールから綿布の他に鉄砲と酒を積んでアフリカに向かった。これらと黒人奴隷を交換したのである。そしてこの奴隷をアメリカに運んだ。アメリカからリバプールへは綿花を運んだ。この綿花はマンチェスターに送られて、そこで綿布に織られ、再びアフリカなどに積み出された。イギリス・アフリカ・アメリカ南部と三角形につないだ三角貿易が行なわれていたのであった。

イギリスはこの三角貿易だけで満足していたわけではない。イギリスは世界の綿布市場の独占に乗り出した。この目的のために、早くも一七七五年にはインドの綿工業の組織的破壊を断行した。こうして、やがてインド自体がイギリス綿の市場にさせられてしまった。一八三〇年になるとイギリス綿は東南アジア全域をも支配することになった。続いてイギリスは中国に鉾先を向けた。アヘン戦争はこういう流れのなかで起こったのである。

アヘン戦争の経緯はこういうことであった。綿工業に成功して裕福になったイギリスではだんだんと贅沢を始めるようになった。例えば、それまでだとほとんどなかった飲茶の習慣が広まった。一度広まりだすと、この流行はもう押しとめることができなかった。イギリスは大量の茶葉を中国から輸入することになった。ところでイギリスはこの茶葉の輸入に対して、綿布を輸出して収支のバランスをとろうとした。しかし、そうはいかなかった。中国は独自の綿製品を持っていて、イギリスの綿布を受けつけなかった。ここから問題が出てきた。入超に苦しんだイギリスは何としてでも収支を整えたいとして、インドでアヘンをつくらせてそれを中国に輸出した。しかし、アヘンは輸入禁止品である。密輸しようとするイギリス商人と中国官憲の激しい対立が続いた。ここで業をにやした官憲はイギリスの商館のアヘンを焼き捨ててしまった。すると、これが引き金になって一気にアヘン戦争に突入した。一八四〇年である。

イギリスは商人の大変強い国である。商人は政府と無関係に軍隊を持ち、綿貿易もアヘン貿易も勝手にやっていた。ところが、アヘンの焼却処分を受けると、アヘン商のマースデンは急遽、広東からロンドンに急行して、政府の援助を願い出た。自由な貿易が相手国の官憲によって妨げられるようでは大英帝国の発展はありえない、というのが彼の言い分であった。マースデンの訴えは聞き入れられ、ただちに議会が開かれて、帝国海軍の出動が決定された。イギリス政府が、いわゆるガンボート・ポリシィ（砲艦外交）を掲げて貿易の前面に出てくるようになるのはこのときからである。

イギリスの商人、とりわけマンチェスターの商人の力は絶大であった。彼らは自由貿易を主張した。自分たちが量産する綿布を世界中に売りまくるためには自由貿易主義を主張しないと辻褄があわない。それで彼らはこの方面に向けてきわめて活発な政治活動を行なった。自由貿易を主張するとなると、それまで続いてきた自国の農業政策もまた改めねばならない。農業面でも自由競争が貫徹されるべきだからである。穀物法撤廃の最先端に立ったのはマンチェスターの反穀物法同盟であった。一八四六年、穀物法は廃止された。

綿紡織とプランテーションを主導したマンチェスターとリバプールの商人たちはこうして、弱肉強食の競争の時代を切り拓いていったのである。中国がアヘン戦争後開国させられると、今度は鉾先は日本に向けられた。この圧力に屈して日本は開国し、あの明治維新を迎えたのである。

イギリスが弱肉強食を打ち出すと、他の国々もそれに従わざるをえなかった。この結果、多くの国が富国強兵策をとることになった。軍備を拡張し、原料生産地と市場の獲得に狂奔することになった。こうなると必然的な結果として戦争が起こった。第一次世界大戦が勃発し、続いて第二次世界大戦も起こった。二〇世紀は戦争の世紀だったといわれるが、これは当然な成り行きであった。弱肉強食の競争を大前提としたところからはこういう結果しか生みえなかったのである。棉プランテーションと綿工業というシステムの発明は世界史のなかで、もう一度その意味を徹底的に問い直してみなければならない。

三、ジャワの砂糖キビ栽培

ジャワは東南アジアでは例外的に長い歴史を持ち、しかも高い人口密度と成熟した社会をつくってきた所である。オランダはこの島を手に入れると、島全体を砂糖キビプランテーションの場にしてしまった。このプランテーションから上がる金でオランダは大金持ちになった。だが、ジャワ社会そのものは大変な打撃を受けてしまった。

(1) 歴史のあるジャワ

熱帯の真珠

ジャワ島はオーストラリアの島陰になっていて、乾燥した風が吹き込むために、湿潤熱帯で普通になっている衛生環境の悪さを免れている。加えて火山島という条件が農業にはきわめて都合のよい条件を提供している。肥沃な火山灰土壌があり、山の高みからは無数の渓流が流れ落ちていて、水田ができた。こうした好条件のために、ジャワ島には古くから多くの人が住み、稲作が広がり、豊かな社会がつくられていた。

成熟したジャワの農村

農村というのは成熟していくとそれなりの佇まいを現わしてくるものである。例えば、家のまわりには高木が植えられる。それは強い日差しをさえぎって影をつくってくれる。高木の下にもいろいろのものが植えられる。バナナやイモ類のような食用作物からブーゲンビリアのような鑑賞用の草木、それに薬草が、それこそ所狭しと植えられる。そして全体がよく手入れのいきとどいた庭園として管理される。こういう屋敷がお互いにくっつきあって集落をつくる。集落のまわりには、灌漑水路網のいきわたった水田が広がる。

こうした村ではその社会もきちっとしてくる。人びとはお互いに朝夕の挨拶を交し、何かの行事があると協力してそれを行なうようになる。例えば、稲作でもユイが普通になる。田植えや収穫は手間替えで行なう。要するに、集落はまとまりのよいひとつの地縁共同体になる。

ジャワの農民たちは実に上品である。柔らかい物腰で接し、他人の感情を逆なでするようなことは極力避ける。例えば、ノーというときなどでも、あからさまにノーとはいわないで、それと判るような表現で対応する。いやらしいといえば、いやらしいのかも知れないが、それほど社会的に練れているのである。何段階もの敬語があり、それを正確に使い分ける。また、多くの祭や行事を持っている。そして、そんなときにはガメラン音楽を楽しむ。ラマヤーナなどの長い叙事詩が語られるのだが、皆、その歴史的な背景をちゃんと理解していて思いきり楽しむ。とにかく、ジャワの農村には長い歴史のなかで培われた奥深い文化があるのである。

ジャワには実際、きわめて長い歴史がある。七世紀にはすでにヒンドゥ寺院がつくられている。八世紀中ごろになると、あの世界に冠たるボロブドゥールやプランバナンの寺院群をつくるまでになっている。文明化は日本よりも一足先に、より巨大なスケールで興っていたといってもよい。そして、この初期文明がその後、イスラームを受容はするのだが、すると、それは一段と洗練されたものになった。それがジャワである。

オランダが到来する一七世紀のジャワは右のようなものであった。そして、このジャワ社会の頂点には王家があった。イスラーム時代になっても王家はヒンドゥ時代からの仕来りや芸能を多く伝え、とりわけ、ヒンドゥ的宇宙の中心として存在し続けていた。ジャワは文化的に高いレベルで整えられた、ひとつの成熟した社会をつくっていたのである。

(2) 新興国のオランダ

オランダは新しい国である。一七世紀になってやっと現われるのだが、いかにも近代をつくるために現われてきたというようなところがある。それまでのヨーロッパに比べると、よく働いた。合理的に行動し、宗教などは二の次というようなところがあった。また、この国の人たちは基本的には航海者であった。海外に出て行って富を得るのに巧みであった。

新教徒商人の連合

昔からあるヨーロッパの国々はみなカトリックを奉じていた。フランスとスペインが強く、大陸ヨーロッパのほぼ全域をカトリックが支配していた。しかし、長く続きすぎたカトリック支配はいろいろの問題をも蓄積させていた。教会は世俗権力の拡大に勢力を費やし、肝心の神への奉仕はいい加減になっていた。宗教的活動といえば免罪符売りのことで、修道士の色恋沙汰も日常茶飯事というような事態にさえなっていた。こういうなかで、これではいけないということで、心ある人たちが改革に立ち上がった。宗教改革である。この運動はやがてエスカレートし、いわゆる宗教戦争が起こった。ユグノー戦争、三十年戦争、ネーデルラント独立戦争などはみなこの宗教戦争である。

これらの宗教戦争の結果、起こった大きな変化は、ヨーロッパの北縁の台頭であった。それまではヨーロッパの中央部がヨーロッパの中心であった。その中心で起こった戦争で敗れた改革派が落ちのびて集合したのが北海とバルト海沿岸であった。ところでこのあたりには、もともとドイツ系の海民のつくるハンザ同盟があって、バルト海貿易を行なっていた。バルト海貿易というのはバルト海経由でロシア産の木材と穀物をフランスやスペインに運ぶ仕事である。当時、木材と穀物の需要は急増していた。到来した改革者たちは、この事業に投じたのである。そして、彼らはこれへの参入に成功し、たちまち大きな勢力になった。

バルト海貿易で実力をつけると、彼らはオランダ東インド会社というのをつくって、東南アジアの香料貿易にまで手を広げることになった。東南アジアの香料貿易はそれまでにすでに一〇〇〇年以上の歴史があり、それはずっとイスラーム商人が行なってきたものであった。バルト海貿易以上に甘味のある、この香料貿易に引かれて、商人たちはこれへの参入を狙って会社をつくったのである。

オランダ東インド会社の香料貿易はきわめて強引なものであった。軍艦を連ねてやってきて制海権を握ると、他国の商人を徹底的に閉め出した。香料の中心はマルク諸島の丁字とニクズクであったが、密売の恐れのある島の木は皆、焼き払ってしまった。こうして独占態勢をしくと、価額を一方的につり上げ、暴利をむさぼった。この香料貿易の一角に食いいろうとして後からやってきたのがイギリス商人であった。しかし、先に述べたように、イギリス人たちはこれからは追い出され、やむなくインドに向かったのである。

もっとも、このころはまだオランダという国はつくられていなかった。大国スペインの北端に結集した改革派たちの拠点でしかなかったのである。オランダという国は私たち日本人からするとずいぶんと奇妙な国である。国というよりも貿易商人の寄り集まりである。進取の気性のある商人が儲けるための組織をつくっている。それが国である。そういう国だから、国としての大方針とか国家としての体面というものにはあまりこだわらない。その場、その場で臨機に対応していくところがある。昔からそうなのだが、この性格は今も変わっていない。オランダほど自由に何でもが許される国は世界中見てもそれほど多くない。ちなみにいうと、今、オランダでは麻薬使用もなかば公認である。

プランテーションへ

一七世紀になると、イギリスの追い上げが激しくなった。やがて、英蘭戦争に破れるとオランダは香料独占もできなくなった。このころになるとオランダ東インド会社では社員の不正が目立つようになっていた。こういうことが重なって、会社は貿易からプランテーションに転身していった。会社はそれ自体の巨大な軍隊を持っていたから、ジャワの地方領主たちを次々に滅ぼしては会社の属国とし、儲かりそうなものを次々とつくらせた。棉、コショウ、アイなどをつくらせたが、最も成功したのはコーヒーであった。コーヒーはアラビア南西部の原産だが、ここから苗木を持ってきてつくらせた。コーヒーの導入は一八世紀初頭だが、ヨーロッパでの売れ行きがよかったので急速にその面積を増やした。コーヒーに続いて、蘇木（すおう木ともいう。灌木で、材から赤色染料を採る）、砂糖、茶、ゴムなどもつくらせた。

貿易から熱帯作物栽培へ方向転換したオランダ東インド会社はジャワに領土を次々と獲得していった。王家の内乱を巧みに利用して、一六七七年にはジャワ島の西部の三分の一を手に入れている。この後も似たような手口で、領土を獲得し、一七四三年にはジャワ島の大半を手に入れた。当時、オランダの本国では国力はずいぶん衰退していた。そんなとき、東インド会社はジャワに広大な領土を獲得したのである。まるで、オランダの中心がジャワに移ったような有様であった。

こうしたなかで、オランダではひとつの意見が強くなってきた。ジャワ島の経営を会社に委ねておかないで、直接政府が行なうべきだ、そしてそこから上がる利益で国を立て直すべきだ、という意見である。やがて、これは現実のものとなった。一七九六年、二〇〇年間続いたオランダ東インド会社は閉鎖され、ジャワ島経営を国家が行なうことになった。

強制栽培制度

オランダの衰退はその後も続いた。ジャワ経営への期待はますます高まった。一八三〇年、植民地経営を委されて総督としてジャワにやってきたのが陸軍出身のファン・デン・ボスであった。ボスは農民を叱咤して商品作物をつくらせ、それを国際市場に売り出すことに徹した。これはジャワのような人口稠密の土地から富を得るにはまさに最良の方法であった。すでに述べたように、ジャワ島は肥沃な火山灰土壌と水に恵まれ、農業には理想の場だった。農民を働かせればここからは大変な利益が上がるはずである。ボスはこのことに気がついたのである。

ボスが発布したのは「強制栽培制度」といわれた法令である。この法令の主要点は次のようなものであった。各村落はその村落にある水田の五分の一を政府に提供しなければならない。そしてそこには政庁の指示する商品作物をつくらねばならない。技術指導はオランダ人官吏が行なうが、現場での統率は現地の首長が責任を持って行なわねばならない。さらにこうして生産された作物は全て政庁の指示した価額で政庁に売り渡さねばならない。この法令のもとでつくられた作物はコーヒー、砂糖キビ、アイ等であったが、そのなかでも特に多くつくられたのは砂糖キビであった。火山灰土壌と雨季・乾季の交代するジャワの気候は砂糖キビ栽培にきわめてよく適合していたからである。

(3) 砂糖キビづくりと農民

「強制栽培制度」が動きだすと農民はどういう作業をし、村はどのようになったのかを見てみよう。

農作業の実態

政庁はその年に砂糖キビを植えつけさせようとする場所を決定すると、一方的にそれを通告してきた。すると、農民は大急ぎでそこを畝と溝に仕立てた。そこはもともと水田である。だから過湿を嫌う砂糖キビをつくるためには、そこに畝を立てねばならない。畝は幅七〇〜八〇センチメートル、高さ五〇〜六〇センチメートルにつくられた。こうしてつくった畝に、政庁が配った砂糖キビの茎を挿した。

挿した茎には水をやらねばならなかった。そうしないと乾いて死んでしまう、それで、溝にたまった水をひしゃくですくっては掛けた。畝と畝の間の溝は水がたまる程度に深く掘ったのである。いくら深く掘っても水のたまらない所では、新たに灌漑水路をつくり、水を引いた。オランダ人の技師がそれを命ずると、そうしなければならなかったのである。

植え付けた砂糖キビは除草し、肥料を与えねばならなかった。土が乾くといつも水を掛けなければならなかった。植付けして一年ほどすると穂が出てくる。すると技師が刈取りの日を決めた。刈取りには適期がある。あまり早すぎても糖分が集積していないし、遅すぎるとせっかくできた糖分が穂に移動してしまってよくない。だから、刈取りの日は厳格に指定された。刈り取るとただちに工場に運ばなければならなかった。この運び込みの日がまた厳格に決められた。工場を休ませないで動かすためには工場へ運び込む日を厳格に決めておく必要があったのである。

砂糖キビが田にある期間は一年か、せいぜい一年半である。だが、畝づくりや畝壊しの仕事もある。だから、これを入れると、砂糖キビには一回の収穫のためにだいたい二年かかる。毎年、自分の田の五分の一の所でそれを行なうのである。

こういう砂糖キビづくりは農民には大変な負担をかけることになった。第一に過大な労力が要求された。第二に稲をつくる面積が減った。この結果、飯米の不足をきたした。実際、スマラン州などでは一八四八年には大規模な飢饉が発生した。

歪められたジャワ社会

ジャワの社会が被った害はこれだけにとどまらなかった。実際には人びとはもっと多くの作業に狩り出された。砂糖キビ栽培には灌漑が必要であった。それで、ダム建設に狩り出された。工場に砂糖キビを運ぶためには馬車道や牛車道が必要だったし、できあがった砂糖をヨーロッパに積み出すためには港が必要だった。こうした諸施設の建設、整備のためにも狩り出された。

政庁は砂糖キビの供出を村単位で行なわせた。命じられた供出量が完納されないと、村長が厳しく罰せられた。それで多くの村では伝統的な土地の私有制を諦めて、割替制を採用した。ジャワ農民は先祖伝来の土地を持って各戸がそれぞれに自分たちの田を大事に耕作していた。しかし、こういう個人単位だとどうしても足並みが揃わず、脱落者が出る。それでは困るということで、全ての水田を村長のもとに集結し、それを砂糖キビ栽培に都合のよいように再配分して、とにかく完納を目指すような方法をとった。いわゆる割替制である。だが、こんなことをすると村の伝統は一気に崩れていく。水田農村というのは先祖伝来の土地という核があってはじめてしっかりしているのである。その核がつぶされたのである。

強制栽培制度は、オランダの側からみれば大成功だった。本国は完全な破産状態だったが、強制栽培制度のおかげで持ちこたえた。オランダが破局を乗りきれたのはジャワがあったからだということは、オランダ人を含めて全ての人が認めているところである。

強制栽培制度による収奪はあまりにもひどすぎた。そのためにジャワの社会は完全に疲弊してしまった。これを見て、さすがにオランダ側からも政策の見直しを要求する声が現われた。こうして事態は少しずつ改善され、一八九〇年ころまでにはこの制度はあらかた廃止された。しかし、砂糖キビ栽培そのものが廃止されたわけではない。砂糖キビ栽培は第二次世界大戦まで続いた。ジャワの社会は本来の伝統社会からすると大きく歪められながら、オランダ人のために、砂糖キビをつくり続けたのである。

四、マレー半島のゴムプランテーション

棉プランテーションはイギリスを世界の工場にした。これで世界をまきこむ近代産業の型が確立したのだが、二〇世紀に入るとこれがより現代的な形で行なわれることになった。アメリカの自動車産業に連動してゴムプランテーションが伸びたのである。

(1) 熱帯多雨林の開発

バンダールとカンポン

マレー半島はジャワ島とはまったく違った生態を持っている。ここは年中雨が多く、典型的な熱帯多雨林が広がり、人間にとっての居住環境は大変悪いのである。だから、

長い間ずっと放置されていた。

放置されていたといったが、完全に無人の地であったというわけではない。ごく限られた場所には港がつくられ、その周辺に小さな水上集落がつくられていた。森の中にはいろいろの病原菌がいて、立ち入るとすぐに死んでしまったから水上に住んだのである。だから、彼らは農業は行なわず、食料の多くは外から商人たちが持ってくるものに頼っていた。こうして、農業がなく、圧倒的に人口が少なかったということで、ジャワ島に比べるとほとんど無人状態だったのである。

この人口稀薄地帯にある港はバンダールと呼ばれていた。バンダールとはペルシャ語で港という意味である。周辺に散らばる小さな集落はカンポンと呼ばれていた。カンポンはマレー語で集落という意味である。このバンダールとカンポンが共生して、熱帯多雨林の物産を採集、搬出していたのである。カンポンの人たちは独木舟で川をつたって森に入り、香木や樹脂、蜂蜜などを採取した。それをバンダールに持って行くと、バンダールの商人が買い取り、輸出したのである。こうした森林物産は中国やインドやペルシャやアラブの国々へ輸出された。この型の土地利用が、二〇〇〇年間ずっと続いてきたのである。

多様な外来者

バンダールの人たちのなかには多くの外国人がいた。というよりも、バンダールはもともと海を渡ってやってきた域外の商人たちがつくった所なのである。バンダールのでき方のひとつの典型は次のようなものである。例えば、ペルシャやアラブ世界に販路を持つペルシャ人の商人がやってきて、マレーの首長と話をつけて港を開く。マレーの首長は輩下のマレー人に命じて森に入って香木などを集めさせる。それを商人が積み出して、その儲けは商人と首長で折半する。といった類のものである。

実際、こういった異人と在地人の協業は紀元前後から行なわれていたらしい。すくなくとも、一、二世紀になるとインド人がやってきて港をつくっている。こうした港のインド人の一部は王を称していた。多くの商人も来ていて、当時の港遺跡からはサンスクリットで書かれた荷札が出てくる。八、九世紀になるとアラビア人が多くやってくるようになった。アラビアやペルシャからのイスラーム商人の到来は一三、一四世紀になるともっと多くなっている。このころになると、中国からの商人の到来も多くなった。一三、一四世紀からは東南アジアの海はこうして、アラビア人、ペルシャ人、中国人、インド人などできわめて賑やかになるのである。

このように外に開けた東南アジアの海にいちばん後に入ってきたのがヨーロッパ人である。ヨーロッパ人のなかで最初に到来したのがポルトガル人だった。彼らは一六世紀の初めにやってきた。それを追うようにして一七世紀になるとオランダ人がやってき、続いてイギリス人がやってきた。ポルトガル人もオランダ人ももともとはといえば、香料を求めてやってきたのである。

(2) ゴム園の様子

森を追われたマレー人　イギリス人はこうしたマレー半島の熱帯多雨林をゴム園に変えた。ゴム園開設が爆発的に広がるのは二〇世紀初頭である。

ゴムの木はもともとマレー半島にはなかった。アマゾン川流域にあったのがシンガポールに導入された。これを最初に有利な商品作物に育て上げたのは中国人であった。一九世紀の初めシンガポールが開港すると多くの中国人がやってきて、コショウやガンビール（蔓植物。葉などを煮て、皮なめし剤や褐色染料をとる。阿仙薬の木ともいう）の農園を開いた。オランダ人が対岸のジャワ島で強制供出制度でアイなどをつくらせていたときである。そんな中国人がゴム園開設に成功した。一九世紀の最末期である。いったん中国人がゴム園開設に成功し、それが儲かる仕事だということになると、一気にイギリス人がこの事業に殺到した。

イギリスのやり方は徹底して組織的であった。すでにイギリスはマレーのスルタンを事実上支配していたから、スルタンから多くの熱帯林を借り入れた。そして、イギリス本国で新聞広告を出して、ゴム園経営の希望者を募った。土地は政庁で確保する、ゴム園開設のための資金援助もする、労働者も斡旋するから入植しないか、という勧誘である。

マレー半島にやってきたイギリス人たちは一人で数百ヘクタールの土地を手にすることができた。

やってくると、彼らは森を伐開して焼き、ゴム苗を植えた。伐開、火入れ、苗の植付けはカンポンのマレー人が行なった。またたく間に広大な森が破壊され、ゴム園になった。ゴム園の拡大は爆発的であった。一九〇五年には四万エーカー（一エーカーは四〇・四アール）に満たなかったものが、その一年後には三倍に膨れ上がり、その後も急拡張を続け、一九二二年には二三〇万エーカーに広がった。現在のマレー半島はまるでその全面がゴム園という感じがするのだが、そのゴム園の約半分はこの時期に開かれたのである。

マレー人たちの受けた影響は甚大であった。それまで彼らが利用してきた森林の多くは伐開されてゴム園になった。マレー人たちは森から追い出されて、不慣れな水田耕作などに向かわなければならなくなった。

インド人タッパーたち

マレー人たちは森の伐開から植付けまでの仕事をした。しかし、採液が始まるとゴムにかかわる仕事からは外されてしまった。理由はタッピングのような繊細な仕事はマレー人にはできないということであった。ゴム園が成立してしまうと、そこは完全にイギリス人とインド人の世界になった。

イギリス人の経営するゴムプランテーションの典型的なものはラヴィンダ・K・ジェイン『南インド人――マラヤのプランテーション開拓前線で』（一九七〇年、マラヤ大学出版会）に示されている。(34)次のような具合である。

幹線道路から正門をくぐって入ると整然と並んだゴム園である。そこを少し行くとゴム液処理工場と工場労働者の長屋がある。長屋は六〇家族が入るものである。さらに少し行くと、オフィスとマネージャーの家がある。マネージャーの家は宮殿のように堂々としている。この一角から真っ直ぐの道

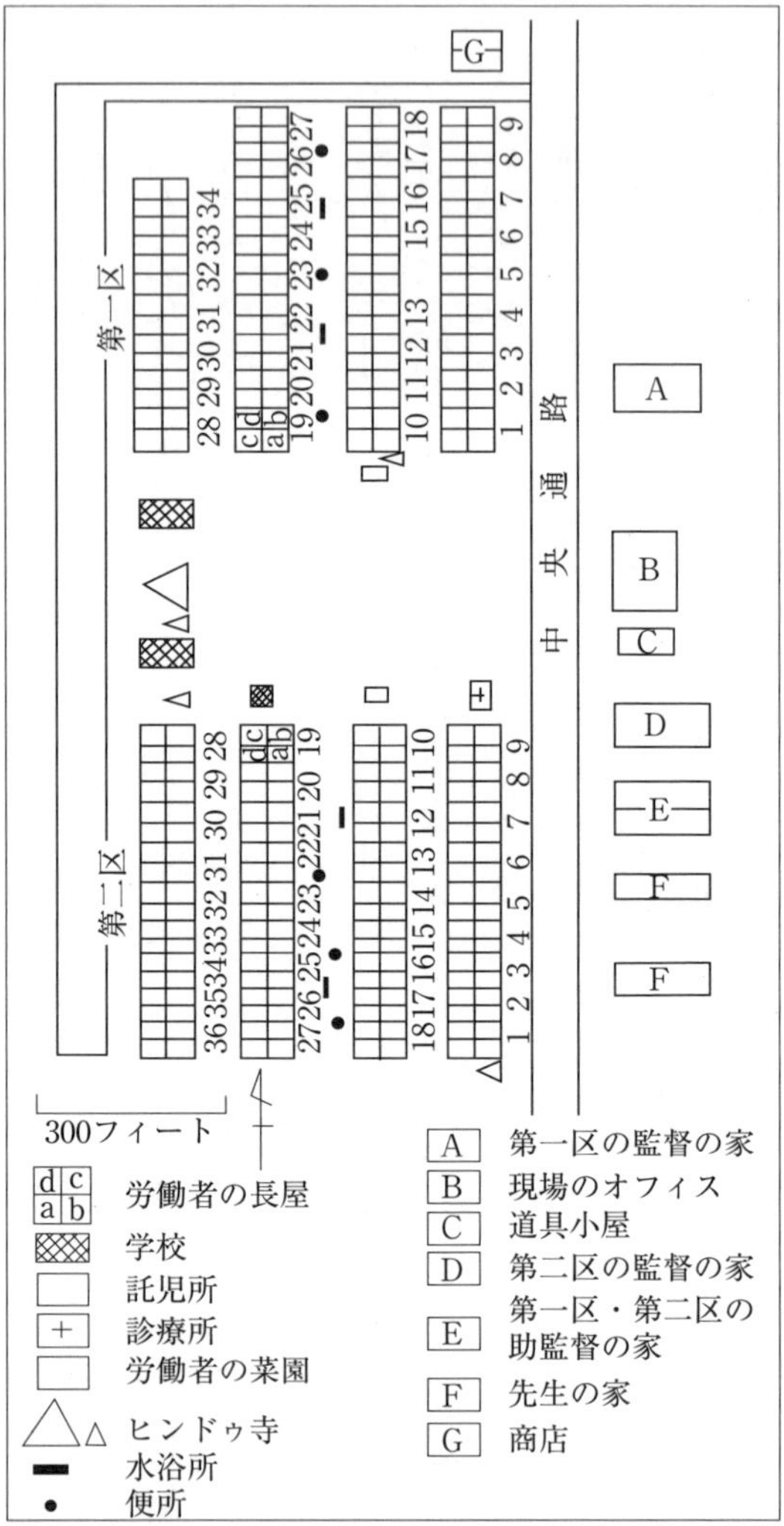

図 38 パルムラユ・エステートのタッパーの居住地区

Jain, Ravindra K. 1970, p. 17 より引用，翻訳

が伸びていてそれを一キロメートルほど行くとインド人のための喫茶店などがあり、その先には墓場がある。さらに先に行くとタッパーたちの長屋がある。

タッパーたちの長屋は二八〇戸あり、それが背中あわせで四列に並んでいる。図38に示したとおりである。この区域には学校、託児所、診療所、ヒンドゥ寺、水浴所、便所、それと菜園がある。このタッパー区と道を隔てて、監督の家、現場オフィス、助監督の家、先生の家、商店がある。こうしてみると、ここは完全にインドの世界である。ヒンドゥ寺があり、墓があり、学校がある。学校ではインド人の先生がタミール語で教えている。

このゴム園内の日々の生活は次のとおりである。ゴム園には一人のイギリス人マネージャーを頂点にインド人のアシスタント・マネージャーと監督と助監督がい、その下にタッパーがいる。タッピングとは木に傷をつけて採液することで、一七、八名を単位とする班で行なう。早朝、まだ暗いうちにタッパーの全員が現場オフィスの前に集合する。そしてここで点呼を受ける。点呼が終わるとすぐに各班は園内に散り、割り当てられている木のタッピングをする。乳液の集荷はタッピング後三時間ぐらいしたときに行なわれる。それぞれがバケツを持って椀にたまった乳液を集め、班長につきそわれて園内の集荷場に持って行く。計量された乳液はすぐさま処理工場に運ばれ、そこで処理される。園内作業はこれで終わりである。作業が終わると全員が再びオフィスの前に集まり、その日の賃金を受け取る。こうして園内が静かになり、人びとが休息に入るのは午後二時ごろである。

アシスタント・マネージャーの任務は大変に重い。班長の報告を聞いて作業員の勤務評定をしなければならない。作業の進み具合に応じて人間の割り振りもしなければならない。要するに園内作業における労務管理を全て行なうのである。そして、それらの出来事全てを週報にまとめて、マネージャーに報告する。

エステートの経営はこうして、イギリス人の側からみれば実に能率よく行なわれる。たった一人のイギリス人が何百家族というインド人を使って農園を経営していく。頼りになるアシスタント・マネージャーをインド人のなかから見つけ出し、それを把握することによって全てを処理していくのである。これがいわゆるエステートである。

ゴム園を一歩出るとそこには熱帯多雨林が続いている。海岸や川岸にはときにマレー人の高床の家がある。そこではマレー人が自由に暮らしている。だが一歩、鉄条網で囲まれたゴム園に入ると、何もかもが規則ずくめで締められたインド人とイギリス人の世界である。

二〇世紀に入ってゴムプランテーションが始まると、マレー半島には一気にこの種の人工的空間が広がった。一九二〇年になるとマレー半島の全耕地の六五パーセントがこの種のゴム園で覆われることになったのである。

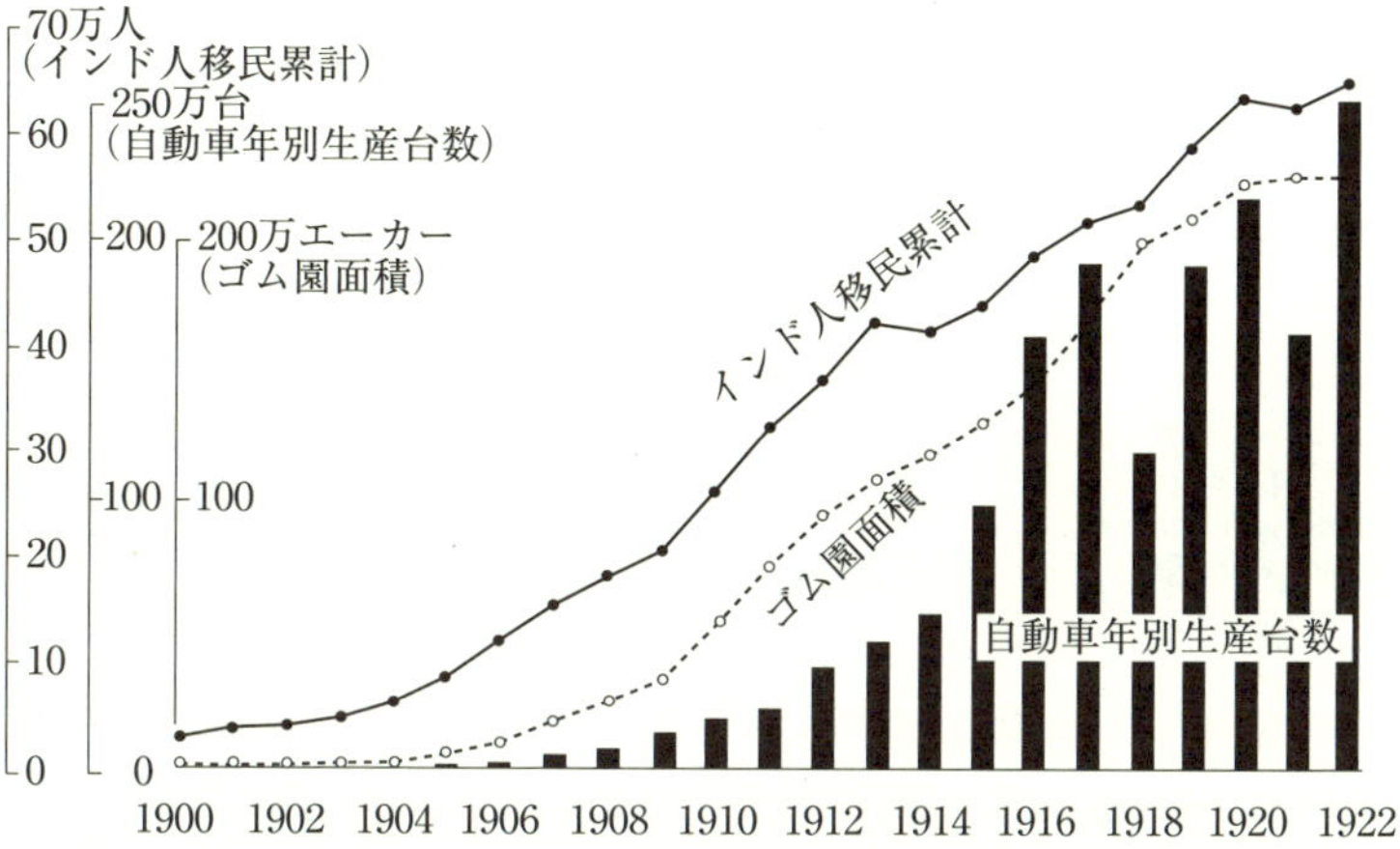

図39　20世紀初頭における年別自動車生産台数とマレー半島のゴム園面積，マレー半島におけるインド人移民数

(3)　世界経済とゴム

自動車のためのゴム　ゴムは雨合羽や雨靴のようなものにも使われたが、圧倒的な大部分が自動車のタイヤに用いられた。だから、ゴム生産は自動車の生産台数に比例していた。そして、そのゴム生産を支えたのは流入したインド人労働者であったから、インド人労働者の数は自動者生産台数にも比例していた。この間の関係は図39にはっきりと示されている。

さて、こうした世界的な枠組をつくっていたイギリス人に焦点を当てて全体を見てみよう。ゴム生産の最前線で頑張っていたのは農園内に住んでいたイギリス人である。実質的な農園主のこともあったし、背後に出資者がいて農園のマネージだけをしている人もいた。経営面積は普通は一〇〇ヘクタールから二〇〇ヘクタールである。そこに一〇〇家族から数百家族のインド人労働者を入れて一人か二人で管理していたのである。

普通のイギリス人が個人でやってきて、これだけの巨大なものを準備できるはずがない。こんなことができたのは、政庁の後盾があったからである。イギリス政庁は三つの局面で入植者を助けていた。第一は、土地の斡旋である。政庁が入手し、それを格安の借地料で貸し出した。第二にインド人労働者の確保である。これも政庁自らが南インドで求人し、それを園主たちに斡旋した。第三はインフラの整備である。ゴム園開設のために鉄道と道路を建設した。要するに何もかも政庁でお膳立てして、さあ全てが整ったから皆さんやってきませんかということで入植者を募っていたのである。もっとも巨大企業の参画もあった。例えば、ダンロップが加わった。この会社は三万五〇〇〇ヘクタールの栽培面積を持ち、それをいくつもの農園に分け、それぞれにマネージャーを置いて経営した。

ロンドンの金融界がまたゴム園経営にきわめて意欲的に関与した。それはエージェントという形で関与した。エージェントは実際には絶大な力を持っていた。資金援助をしてい、実質的にはエステートの経営そのものに口を挟むことが多かった。たとえば、General Instruction Book などという仕様書を農園に与えていて、それに基づいてゴム園の管理をさせていた。そこにはゴム苗の品種の選択から、使用薬剤の種類、月々の採液量、そしてときには労務管理の方法にいたるまで、ことこまかに指示が与えられていた。農園はこの指示に従って、ゴム園の管理を忠実に行なわなければならなかったのである。エージェントの巨大資本はまた直接アメリカの自動車産業とも結びついていた。自動車生産台数にあわせて、ゴム生産がなされていたというのは、いってみればまったく当たり前のことであったのである。

マレー半島で行なわれていたゴム園経営はこうしてまさに世界資本主義経済そのものであったのである。マレー半島の獲得という政治的行為から大規模移民、そして自動車産業の拡大、この一連の事柄がイギリス政府とロンドン金融界の連携プレーで、ものの見事に行なわれていたのである。

現地には残らない富

近代工業の発展のためにマレー半島のゴムプランテーションは開かれたのである。そのような側面だけ見ておれば、いいことだったということになるのかも知れない。だが実際にはいろいろの不都合が起こっていた。特に現場のマレー人たちにとっては許し難いことが起こっていた。イギリスのやり方が実際には搾取一方で、現地には何の還元も行なわれなかったからである。

そもそもマレー半島の開発はゴムが登場するよりずっと前から行なわれていた。中国人たちがスズを掘っていたのである。そのあたりから見てみよう。イギリスはこうしたマレー半島にやってきて、そこを自分のものにすると、このスズ生産に重税を課した。マレー半島は中国人のスズ採掘があったから、まさにドル箱だったのである。イギリスは徴税した金の一部を鉄道と道路の建設に用いた。

しかし、一九一二年ころになるとこの状況が大きく変わった。ちょうどこのころ、浚渫《しゅんせつ》機が現われて、イギリス人がスズ採掘に参入してきたのである。すると、イギリス政府はスズからの徴税をぐっと少額に落としてしまった。インフラ整備はほぼ完了したからというのが理由であった。だが、実際には、中国人からは重税をとるが、イギリス人からはとらないというのが実状だった。そのうち、イギリス人の鉱山がどんどんシェアを伸ばしていって、植民地政府にとってスズはドル箱でなくなってしまった。

ちょうどこの変わり目のころ、ゴムプランテーションが猛烈な勢いで広がりだしたのである。植民地政府のイギリス人優遇はここでもきわめてはっきりしていた。こういうことである。もともとゴム栽培は中国人が始めたのである。中国人のプランターもかなりいた。しかし、政府はそれの締め出しを始めた。例えば、幹線道路に面した中国人の農園は立ち退かせた。中国人の農園は管理が悪くて見苦しいし、病虫害対策もいい加減だから病気拡散の危険が大きい、だから立ち退くように、というのであった。

政府のイギリス人優遇は徹底していた。おかげでイギリス人の会社は三〇〇パーセントもの配当金を株主に配った。ところでこの配当三〇〇パーセントというものだが、これはイギリス本国での話である。植民地政庁自体は所得税をとらなかったので、儲けは本国政府のふところにしか入らなかった。

こうしてゴムプランテーションというのは実に理不尽なものであった。土地そのものはマレー人のものであった。その土地に道をつけたり鉄道を引いたりしたのだが、その金は中国人スズ採掘業者から徴集した。そうして整備したところに大量のインド人労働者を投入して実際の採液作業をさせた。生産物はほぼ全てがアメリカの自動車会社に送られて、イギリス人は巨大な金を手に入れた。しかし、その金はマレー人にも中国人にもほとんど還元されなかった。

プランテーションというのは外見はまばゆく見えることもある。しかし、その内実は大がかりな犯罪としかいいようがないものなのである。

五、アメリカのコメ生産

アメリカでは、コメは近代技術を駆使して、きわめて大規模につくられている。しかもきわめて強力な政府の保護政策があって、それに助けられて世界のコメ市場を制圧している。

(1) コメ農家

売るためのコメつくり

アメリカでコメをつくっている農家は、日本の農家とはまったく違う。今は少し変わってきたが、日本では稲作農家といえば基本的には飯米をつくるものだった。しかもそれを先祖伝来の田で丹精こめて行なっていた。稲つくりはその家が代々引き継いできた家業であった。人によってはそれは苦しみであったし、別の人にとっては誇りであった。だが、多くの人たちはその家業を文句をいわないで引き継いだ。それを宿命と思っていたからである。だが、アメリカのコメつくりはそんなものとはまったく違う。どんな仕事をしてもよいのである。数ある選択肢のなかからコメつくりを選んでいる。それがいちばん儲けになる仕事と考えたからである。また、彼らはたとえコメをつくっていても、それを自分で食べようなどとはまったく考えていない。

アメリカのコメを数字で見てみよう。アメリカの主食はムギだから米作農家は少ない。アメリカ全土でコメ生産農家は一万戸しかない。これはアメリカの農家数の一パーセントにも満たない。当然のことながら、世界のコメ生産のなかでアメリカ産のコメの占める比率は知れている。一九八〇年代で見ると、たかだか一・五パーセントである。こうしてみると、アメリカのコメなどは何ら大きな国際問題を起こしそうにない。だが、実際にはそうではない。少ない生産量とはいえ、国内ではあまり消費されないで大きな部分が海外に出てくるから、これが大きな問題を引き起こしているのである。

アメリカ国内の消費を見てみよう。コメを多く食べるのはアジア系の人たちだけである。あとは、せいぜいパスタや菓子として食べるくらいである。こういうわけで、アメリカ全体でならしてみるとその一人当たりの消費量は、戦前の日本人の二〇分の一、今の日本人の一〇分の一ぐらいにしかならない。しかも、このうちの三分の一はビールにして飲んでいる。アメリカにとってのコメは、食糧としては付け足し的なものなのである。

それでもコメをつくりたいという人たちがいるからどうしても輸出にまわさざるをえない。年による変動があるのだが、一九九〇年だと生産量の約五分の三を輸出にまわしている。こうした結果、生産量でいうと一・五パーセントしか占めないアメリカが、貿易量でみると世界の総貿易量の一七パーセント（一九八四年）を占めることになり、ここで国際的問題を引き起こすことになっているのである。

以上は亀谷昰編著『アメリカ米産業の素顔』（一九八八年、富民協会）に示された数字である[35]。

大規模な個人経営

アメリカのコメ農家は儲けるために大規模にやっているのだが、その実態を見てみよう。会社をつくって経営をしているところもあるようだが、意外に多いのは個人経営である。個人で一〇〇ヘクタールほどを耕作するのである。伝統的な日本の稲作農家だと一ヘクタールつくれば大百姓といわれたものである。アメリカのコメ農家がいかに大規模なものであるかがわかる。しかも、多くのコメ農家はこれを輪作でやっている。すなわち五〇〇ヘクタールぐらいの農地を持っていて、毎年、その四分の一か五分の一の所にコメをつくっているのである。コメ以外の所には大豆やトウモロコシなどをつくる。だから、実際には一〇〇倍ではなく、五〇〇倍の規模で経営をしているのである。

もっとも、コメ農家のすべてが五〇〇ヘクタールを所有しているわけではない。彼らの多くは借地でコメをつくっているのである。畑作に比べるとコメつくりは借地で行なわれることが多い。なぜかというと、他の作物と比較して、コメつくりは儲かるから借地をしてでもやろうという人が多いのだという。

一般にコメつくりには資金がかかる。他の作物に比べると三倍の資金が必要だといわれている。借地料もいるし、水代、管理費もいちだんと高くつく。しかし、収益もまた特別いい。一年分だけの収益を示してもかえって誤解を招くおそれがあるかも知れないが、仮に一九八三年の資料で見ると、エーカー当たりの収益は次のとおりである。コメ：三二九ドル、コムギ：六四ドル、トウモロコシ：一四六ドル、ソルガム：六八ドル、大豆：九八ドル、棉：二二五ドル（亀谷、前掲書、二二ページ）。

農作業の実際を少し見てみよう。日本のように何から何まで自分が体を動かしてやるのではない。関連企業がいっぱいあるから、それに外注するのである。圃場をつくるところから外注にする。稲作では湛水深を均等にすることがきわめて大切だが、大圃場ではこれがきわめて難しい。自分がトラクターを動かすだけではうまくいかない。それで、レーザーレベリングを専門とする会社に頼む。会社ではレーザー光線を用いて、きちっと平らにしてくれる。灌漑も会社に頼むことが多い。灌漑はアーカンソーだと井戸水、カリフォルニアだと河川水などとその水源が違うのだが、いずれも会社に頼る。水利権を持っている会社に電話してそこから購入することになる。フライング・サービスを提供する会社がある。だからこれに頼む。すると、この会社が飛行機を飛ばして播種してくれる。肥料をまくのも農薬をまくのもこの会社に頼めばよい。

こうしてみると、アメリカのコメつくりは日本のそれとはずいぶん違う。コメつくり農家といっても、自らが農作業に出るよりも、いくつかの関連会社に電話して仕事を滞りなくやっていくというようなことになっている。こうして外注すると当然、現金が必要になってくる。だから、銀行との交渉がもっと重要な仕事になる。

このようにしてきわめて大規模にやった結果が、生産費の縮小につながっている。一九九〇年代でとってみると生産費は日本のそれの八分の一から五分の一ぐらいだといわれている。

(2) RMAと連邦政府の動き

アメリカのコメ産業の実際を知ろうとすれば、生産農家のことだけでなく、RMA（精米業者協会）と政府の政策のことをどうしても知っておく必要がある。ここではこのことを辻井博「アメリカ版米食管と輸出戦略」（亀谷編著、前掲書所収）に従って見てみよう[35]。

強力なRMA　RMAというのはもともとは名前の示すごとく精米業者のつくる非営利団体であった。だが、一九八〇年代に入ってから急速にいろいろな関係業者をまきこんで大きくなり、今は政府に対する一種の圧力団体になっている。RMAは今では本来の精米業者の他に、精米機製造業者、加工業者、倉庫業者、輸出業者、ブローカーなどをまきこんでいるという。

RMAが重要な位置を占めるのは、アメリカのコメ生産者には結局は最終的に精米業者に買ってもらうより他に途がないからである。アメリカのコメ農家はけっして飯米をつくっているのではない。

売るためのコメをつくっているのである。そのために農家は収穫を終えるとそれを精米業者に引き渡す。すると精米業者がそれを袋詰めにして売るのである。アメリカには三六の精米業者がいるという。一万人の生産農家は何から何まで、この精米業者のいいなりになって仕事をしているのである。売らねばならないという構造からして精米業者の威力は絶大である。

ところで、一九八二年ころからアメリカのコメは過剰生産になってきた。こうなると精米業者は何とかしてこれに対処しなければならない。精米業者はすでに見たように輸出業者でもある。ここでRMAは輸出促進を狙って政府に圧力をかけた。

RMAの圧力によって政府が動いた。その詳細は後に譲るとして結論だけいうと、政府は補助金を出してダンピング輸出をしたのである。

政府の補助金政策は初めのうちは問題にならなかった。しかし、そのうち問題になってきた。なぜコメ産業のためにそんなに金を出すのかということになった。その結果、RMAは政府からの補助金が得られなくなった。それで矛先を変えたのである。日本に米の輸入を認めさせれば、政府の補助なしでも売り込むことができる。なにせ、日本のコメはアメリカのそれよりも数倍も高いのである。こうして、RMAは今度は日本のコメ市場開放を狙って、そういう線で政府に圧力をかけた。そして、これがその後成功したのである。

政府の補助金政策

一九八六年から政府はＲＭＡの圧力に屈して輸出補助金を出すようになった。その内容を見てみよう。農家からは一ｃｗｔ（一〇〇ポンド＝四五・三六キログラム）当たり一一・九ドルで買い上げる。しかし、補助金で操作して、実際にはそれを三・六ドルで輸出するのである。要するに差額を政府がかぶって、コメのダンピング輸出を行なうというものである。

これは実際にはもう少し複雑な仕組みになっている。例えば、一九八六年の場合だとその仕組みは次のようである。農民は収穫が終わると、その籾を商品金融公社なるものに預託し、一ｃｗｔ当たり七・二ドルを受けとった。しかし、これは政府の約束している一一・九ドルには届いていない。それで、その不足分の四・七ドルは、この商品金融公社から小切手と一般農産物証券（Genetic certificate）で受けとった（ただし、これは五万ドルが限度である）。この一般農産物証券は実際には額面より少し高い価格で売却できるので、農民にとって不満ではない。

さて、農民が公社に預託した籾は、預託だから融資額を返せば、当然取り戻すことができる。市場価格が低いときには農民はそのまま質流れさせてしまうが、市場価格が高いとそれを取り戻し精米業者に渡す。すると、精米業者はそれをスーパーマーケットや外食産業のチェーン店などに市場価格で売るのである。

ＲＭＡ自体は営利団体ではないので、個々の精米業者のように直接ビジネスに手を染めることはない。だが、政府を動かして、こういう仕組みを政府につくらせているのである。ところが、この仕組みが税金の無駄使いだと新聞で叩かれ、ＲＭＡは新たな作戦を立ててきた。それが、すでに述べたように、日本のコメ市場の開放である。政府に圧力をかけ、政府間交渉で日本のコメ市場の開放を求めさせた。

経済としてのコメ

この日米コメ戦争はどのように考えたらよいのだろうか。日本のコメつくりはすでに第二章―一―3―(4)でも述べたように日本の社会の根幹にかかわったものであり、文化なのである。コメつくりがあってはじめて日本の文化は成立している。すくなくとも田舎ではそうである。だが、アメリカではまったく違う。儲けるためにやっているのである。

文化としてのコメと経済としてのコメが対立しているのである。解決は非常に難しい。依って立つところがまったく違うからである。アメリカは、世界は開放経済の時代だから全てのものを自由に売り買いするのが当たり前ではないか、という。その証拠に日本は市場開放を主張して自動車を売りまくっているではないか、という。一方、日本側は、コメだけは別だ、それは主食だから、文化だから、という。だが、なかなかこの考え方は通じない。

売るための農業はプランテーションに始まって、三〇〇年ほどの間にひとつの流れをなして続いてきている。その基軸は経済である。一方では何千年も続いた土地の文化がある。日本の稲作がそれである。その二つが衝突しているのである。

第四章　多文明共存の時代へ向けて

——農業をどう考えるか——

一、農業の歴史

農業には食うために行なう伝統農業と売るために行なうプランテーション農業があることを第二章と第三章では少し詳しく述べた。ここではその二つの農業がやってきた道筋をもう一度ざっと見なおしてみよう。

(1) 生態適応の伝統農業

分布と展開経路

地球上の生態は実に多様であり、それに適応した農業も実に多様であった。本書ではその生態を図1（一四ページ）のように考え、そこに広がった代表的な農業を図2（二四ページ）のように考えてみた。砂漠と草原、混交林とサバンナ、熱帯多雨林、それに山地に広がった農業は何千年もかけて生態適応し、深化していったのである。

ユーラシア大陸に起源したものは、特別多彩な展開を見せた。その展開のあら筋については私は次のように考えている。この系列の起源地はメソポタミアをとりまく山地である。しかし、これはやがて山麓のオアシス地帯に降下してオアシス灌漑農業を産み出し、これがオアシスの鎖を伝わってアジアからアフリカに広がり、オアシス灌漑農業帯をつくった。このオアシス灌漑農業はその縁辺で、少しは雨の降る所では天水農業として展開し、インドと華北にいたったとき、ここに二つの天水農業核心域をつくった。さらに、この天水農業はもっと遠くへ展開していき、ヨーロッパ、中国南部、東南アジア、日本にそれぞれ特徴的な天水農業域をつくりあげた。本来が牧畜と耕作の両方を持っていたユーラシアの農業だったが、草原に到達したとき、そこに新しく家畜に特化してつくりあげられたのが遊牧地域である。アフリカ、オセアニア、新大陸ではユーラシアほどには複雑な展開はしなかったが、しかし、それぞれにきわめてユニークな農業をつくりあげた。

これらの地域はどれをとってみてもみな個性的である。すでに前章で見たところだが、それぞれの地域をもう一度サッとふり返ってみよう。

個性的な地域群

オアシス灌漑農業①は文明の創始者だった。紀元前六〇〇〇年の昔にはすでに砂漠に水を引き、町をつくり、灌漑をして穀物を育てることを始めた。その後、ここは、工学的にも社会的にも実によく練りあげられた地域となった。ここは同時に東西交易の幹線に位置していたから、交易都市としても発達していった。

インド②は天水農業の完成者である。灌漑なしで穀物を育てるためには土壌水分の保持技術や耐旱力のある作物の選抜などが要求される。インドは遠くアフリカから耐旱性の大きい穀物を導入したりした。牛などの家畜をうまく利用するようになったことも大変重要である。インドはこれらの全てに成功し、天水農業の核心域をつくった。

華北③もインドにならって天水穀作農業を発達させた。その結果、この大地は人間で満ちあふれることになった。こうなると、次の問題は、この膨大な数の人たちがいかに争いを起こさずに共存していくかということである。華北はここで、儒教による統治という方法を発明し、天子と農民が中心になる世界秩序がつくられた。華北の農業はこの高みにまで及んだ。

ヨーロッパ④の森では最初は焼畑的な方法が卓越したが、一二、三世紀ごろから三圃制が広がった。夏作物、冬作物、家畜放牧を順次交替させていく混牧天水農業である。一六世紀になって都市が現われると近郊では牛乳や肉を売る農家が現われ、やがて羊毛生産に特化するような所も出てきた。

中国南部⑤に広がった天水農業は稲に出会い、稲を中心に大展開した。これは華南の谷間では井堰灌漑を生み出し、特有の水利社会を産み出した。海岸の低湿地に広がったものは、家畜を欠落させた代わりに、魚利用の技術を高め、特異な稲・魚複合文化を産み出した。

東南アジア⑥は中国南部に似ているが、それよりもさらに巨大な熱帯多雨林の広がる世界である。ここまで広がった稲作は焼畑で行なわれることになった。ここでは人びとは森のカミガミにとり囲まれ、稲に人間と同じように魂を認め、こうして、汎神論的な世界をつくった。

日本⑦は中国南部の井堰灌漑圏の延長と考えてもよい。ただ、ここには江戸幕府の農民育成政策があって、その水利慣行はいちだんと強化された。おかげでここには水利を軸にした強固な地縁社会が生まれた。

遊牧地域⑧の中心はモンゴルである。草原が広がるここでは人びとは五畜をひきつれてテント生活をするという特殊な生活型をつくり出した。この人たちは鉄砲が発明されるまでは強い騎馬民であり、一三、四世紀には世界帝国をつくりあげた。今も彼らの尚武の気風は衰えていない。

アフリカのミレット農業域⑨はモロコシやトウジンビエなどのミレットを持っていて、それを中心に農業をやっている。だが、同時に彼らは勝れたゼネラリストである。栽培品種になった作物だけでなく、多数の野生植物を利用するし、ほかに野生動物、魚、昆虫など広範囲に利用する。

アフリカの牧畜⑩はアジアやヨーロッパの牧畜とはだいぶ違う。ここでは動物飼育は経済のためというよりも、社会的ステータスの誇示として行なわれているかのような観がある。また、一部の人たちは、自分の飼っている牛やラクダを自分たちの仲間、ときには自分の分身のようにみている。

オセアニアの根栽文化圏⑪は穀物を欠いている。穀物とイモはそれをつくる人によほど違った文化を与えるものらしい。穀物は例えば東南アジアのような湿潤地帯でつくられていても、どこか澄明で、カラッとしている。砂漠系統の文明の流れが感じられる。だが、イモは違う。イモ世界はどこか陰湿で、肉質である。呪術をかけてイモを腐らせ、人を病気にするというようなことがいたる所で起こっている。

新大陸のインディオ農業圏⑫の典型はアンデス山地で、そこではジャガイモとトウモロコシがつくられている。アメリカ大陸はこの他にもサツマイモやキャッサバなどもつくり出した。金属器こそ欠いていたが、育種の面ではきわめて高いものを発達させていた。ただ、ここは後に到来したラテン系やアングロサクソン系の人たちの圧力で大きく歪められた。

こうして並べてみると、この地球上には本当にいろいろの農業があったし、また今もあるのだということがはっきりする。

(2) 売るためのプランテーション農業

この地球上には本当にいろいろの農業とそれに支えられた多様な社会があったのだが、それらをおしつぶすような格好で広がってきたのがプランテーションである。

商品作物栽培というのは太古の昔からあった。しかし、単品をきわめて大規模につくるようになったのは近代になってからである。その最初はブラジルやカリブ海諸島での砂糖キビ栽培であった。ヨーロッパ人たちは砂糖が売れる商品であることを知るとアフリカから黒人奴隷を導入して、これを始めた。

やがてイギリスが綿産業をひっさげて登場した。そもそも、綿紡織そのものは、二〇〇〇年間にわたってインドの産業だった。インドはこの分野で世界に君臨し続けていた。しかし、産業革命に成功し、武力を持ったイギリスは、このインド綿業を叩きつぶし、その部門をイギリスに移した。こうした政策のなかでつくられたのが、リバプールとマンチェスターであった。インドの綿花栽培そのものは存続させられ、その綿花はリバプールに運ばれた。しかし、そのうちインド産の綿花だけでは足りないということになってきた。それでアメリカ南部に棉プランテーションが開かれた。アフリカから黒人奴隷が導入され大々的に綿花がつくられた。こうしてイギリスでつくられた綿布は世界中に売られた。一八三〇年ころには世界の綿布市場はもうイギリスが独占するという状況がつくりあげられた。世界中がイギリス製の布を着させられるような状態になったのである。

二〇世紀に入ると、今度は自動車の時代に入った。するとイギリスはゴムに目をつけた。マレー半島を手に入れ、そこの森を焼き、ゴムを植え、大量のインド人を入れてゴム液採取を行なった。このときもロンドンの金融界が中心であった。アメリカの工場での自動車生産台数が決められ、それに従って採液量が決められた。全てが計算どおりに行なわれ、マレー半島は組織的に収奪された。ロンドンの金融界は大儲けをしたのだけれども、現地のマレー人も、連れてこられたインド人もけっして恩恵にあずかることはなかった。

こういうプランテーションが科学的な農業、合理的な経営ということで大手を振って歩くようになった。これは一八世紀の中ごろから爆発的に広がりだした。その陰で土地の農業は踏みにじられていった。最近、起こった日米のコメ戦争も同じ流れの中で起こっているのである。

以上が前章までに述べてきたことの要約である。

二、日本と農業

日本のことを考えてみよう。結論からいうと日本の基底には農業がある。日本人が正しい心を持った人間であるのも、日本が今日の繁栄を築きあげたのも、結局は私たちが農業を中心に生きてきたからである。このことを忘れたら、私たち自身も日本という国もまったく駄目になってしまう。

(1) 日本のたどった道

もうひとつの近代

イギリスふうの近代化は、端的にいってしまうと農業撲滅、工業偏重そのものであった。自国で工業製品を大量につくり、それを海外に売り出し、そうして手に入れた金で食糧を購入する、というものであった。それはまさに世界資本主義経済そのものであった。

同じころ、江戸幕府はまったく別の政策をとっていた。国を富ませる基本は農業であるということで、農民を土地に縛りつけ、農業生産をあげさせた。農業の中心は稲作だったが、収量をあげるため、井堰をつくらせ、水路を掘削させ、深耕と堆肥づくりを奨励した。これらのことはイギリスが行なった農民つぶしとはまったく逆の方向であった。

コメの反当収量が上がり、農地に余裕が出てくると、幕府はいろいろの外来作物を導入するようにした。棉、ナタネが大量につくられるようになった。それまでの日本だと麻しかなかったので、冬には寒さがしのげず大変困ったのだが、保温性のある綿が国内で大量につくれるようになった。綿布が出まわるとアイが大量につくられることになった。さらに、イグサがつくられ、畳が普及することになった。ナタネがつくられ、食用にも燈用にも用いられるようになった。やがて、砂糖キビまで栽培するようになった。要するに日本はあらゆる物を国内でつくる自給態勢を確立したのである。

豊かな生活をするために工業製品を売って、その金で欲しい物を買うというイギリスの方式に対して、日本は全てを自分でつくり、それで豊かな生活をつくりあげるという方法を編み出した。一部の歴史家が「もうひとつの近代」というのはこの事実を指してのことである。日本はまさに独自の道を歩んでいたのである。

地縁共同体の構築

さて、この日本式の近代化を進めるなかで日本はその後の日本社会の基礎をつくった。それは地縁的な農業共同体の構築である。すでに述べたところだが、もう一度ざっとふり返ってみよう。

幕府は稲収量の増大のために井堰建設や水路掘削を強要した。具体的には数個から数十個の集落に協力させ、近くを流れる川に堰をかけさせ、そこから取水して、関係農家に配水させた。こういう工事をしようとすると、どうしても村人の共同作業が必要になってくる。施設が完成すると今度は水の配分をめぐって協議がなされねばならない。集落の代表は協議の席では自分の集落のために体を張った交渉をしなければならない。このとき、集落の農民は一致団結して代表に協力する。だが、いったん協議が終わり、集落に定められた量の水がやってくるようになると、今度はその集落の者同士で水の取りあいが起こる。もちろん、これも自分たちで解決しなければならない。灌漑が必要不可欠な日本の農村ではこうして、農民同士の共同作業、集落間の争いと調整、集落内での争いと調整は不可避なものとなった。そして、これが結局は農民間のつながり、ひいては社会の仕組みをきわめてしっかりしたものにしたのであった。

集落内の農民のつながりを一層強固なものにしたのが年貢の村請け制であった。村に連帯責任を負わせたのである。こうなると、隣りの人間が怠けているのは許せないことになる。隣人がサボればその分自分のところにかかってくるからである。こうして、集落には相互監視の目が光ることになった。相互監視をしながら、だがお互いに助け合って、とにかく完納しなければならない。こうして、集落はひとつの運命共同体に育っていったのである。

相互監視で成り立っている共同体などというと嫌な感じだが、実際の農村はそんなものばかりではなかった。圧倒的に多くの農民は自作農だったから家・屋敷と田地を持っていた。だから、なるだけ見栄えよく、美しくということで、彼らは家や屋敷は金と労力を投じて立派なものにし、見下されないようにした。また、日々の生活もせめて人並みのことはということで頑張った。例えば、村には年中行事や冠婚葬祭に決まったやり方があったが、それらを手を抜かずに律儀にやった。また、どうせ村で住み続けるのなら嫌々住むのではなく、心豊かに住みたいということで、いわば精神面での充実にもつとめた。例えば、村人たちは人徳ある人を長に選び、その人を立てて村のまとまりをつくろうとした。権力よりも人徳が尊ばれたのである。あるいは事あるごとに坊さんの法話を聞いた。そして、ああありがたいことに自分はこの村でこうして毎日暮らさせてもらっているのだ、と思うように自分自身を磨いた。村人たちはこうして納得のいく社会を自分たちでつくっていったのである。

物質的には必ずしも特別に豊かというわけではなかったが、村人はこのようにしてそれなりに美しい型と、ゆとりと感謝の念のあるそういうものにということで、自らを育てていったのである。田舎の地縁共同体というのはそういうものであった。

戦後の地縁共同体の弱体化

敗戦後は、三〇〇年以上続いたこの農村と農業が大きく変わった。変化は二つの面ではっきりと現われた。地縁共同体の弱体化と農業の機械化である。まず、農村の変化であるが、これは次のようにして起こった。戦争が終わり、アメリカが入ってくると、一気に近代化が声高に叫ばれるようになった。徹底的に攻撃されたのは農村共同体的な生き方であり考え方であった。農村共同体では村というまとまりは大変大事である。自分を殺してでも集団の和を尊ぶというようなところがあった。これが非難された。一人ひとりがしっかりとした自分を持ち、自分の考え方を主張しないから、ファシズムのようなものに陥り、あのような大戦争を起こしたのだといわれ、共同体的な生き方はきっぱりと切り捨てねばならない、と教えられた。

私の村でも本当にいろいろのことが起こった。例えば、祝儀や香典の上限が決められ、会食なども禁止された。人びとは祝儀などは気持ちの問題だし、会食は親睦を深めるために必要だといったが、それらは虚礼だ、封建制の名残だといって叩かれた。旧慣を守ろうとしたのは年配の人たちだったが、この人たちは時代に合わない戦前派ということでいわば類型的に疎外された。こうしたことと軌を一にするように、三世代同居も排撃された。これらのことは、学校で徹底的に教え込まれた。今から思うと、あれだけ叩かれて、よく潰滅しないで持ちこたえたものだと感心するくらいである。

農業の近代化

戦争前、かなりのレベルに達していた農業だったが、戦争が始まるとガタガタになってしまった。人も物も戦争に狩り出されてしまったからである。男は出征した。肥料工場は火薬工場に変えられた。本当に何もかもがなくなってしまった。戦後の復興はそこから始まったのである。

復興はいわゆる「近代化」という形で始まった。一度始まると、その進行は目ざましいものであった。またたくうちに、耕耘機が出、田植機が出、ハーベスターが現われた。鋤と鍬で耕し、手で植付けをし、鎌で刈り取っていた戦前に比べると、ほとんどの作業は一〇倍ほどのスピードでこなせるようになった。川には大きなダムがつくられ、そこから流域一円に配水されるようになった。だから、井堰をかけたりする必要もなくなった。肥料が豊富に出まわった。病虫害駆除のためにもいろいろの新薬が出まわるようになった。とりわけ農民にとってありがたかったのは除草剤の出現であった。これであの苦しい夏の草取りを大幅に縮小することができるようになった。昭和三十年代以降はこういう新技術や新製品が次々と現われて、農作業はぐっと楽になった。農民たちはこの変化をみな嬉んだ。だが、近代化の裏であまり喜ばしくないような現象も起こってきた。肥料や農薬の大量投入が環境の悪化を引き起こした。それまでたくさんいたドジョウやタニシは死に絶えてしまった。小川や湖の汚染も引き起こされた。琵琶湖などでは富栄養化が大きな問題となった。

現金がいるようになったのも大きな問題であった。機械を買うにも農薬を買うにも現金が必要になった。水さえただでは得られなくなった。仕方なく、農民も現金収入のために外に働きに出るようになった。昭和三十年代にはこの状況が一気に加速し、第二種兼業農家が急速に増えた。

このころになると、そもそも社会規範とでもいうべきものが変わってきた。昔だと農家の人たちは稲作はご先祖の代からやってきたのだからということで、ある種の縛りを感じていた。例えば、田を荒らしておくことには良心の呵責を覚えた。だが新しい風潮のなかではそんなことは気にしなくてよいようになった。

それに追いうちをかけるように広がっていったのが、農地への虫食い状の「開発」であった。工場や住宅団地が我が物顔に広がった。現金収入第一だという風潮が広がっていた時代だから、少なからぬ人たちが土地を手放した。なかには農地解放のときタダのような値で得た土地を天文学的な金額で売る人たちもいた。かつては整然と広がっていた稲田地区がボロボロに寸断されるのを見るのはやるせないものであった。

こんな数々の農業環境の劣化のなかにあっていちばん決定的な打撃を与えたのが、減反政策であった。自分のまわりにある田の四分の一には稲をつくってはいけない。いくらつくりたくともそれが許されない。コメつくりは日陰者にさせられてしまったのである。

以上が、戦後の日本の農業、とりわけ稲作がたどってきた道の荒筋である。

三、農業は何を与えてくれるのか

ここでは生態に適応した伝統農業、すなわち本来の農業は私たちに何を与えてくれているのかを考えてみたい。特に日本の場合、それはどういう意味を持つのかを考えてみたい。

自然の恵みと土地の知恵

プランテーションは大変困ったものである。せっかくの自然の恵みや、在地の人びとの知恵を抹殺してしまう。私自身がつくづくそう思わせられたケースを少し紹介してみよう。

ニューカレドニアに調査に行ったとき、飛行場に降りて、村まで車を飛ばしたのだが、ユーカリの点在する草地の斜面が広がるばかりで、どこを見てもイモの棚田はなかった。一九二〇年の報告書によると、カナカ人たちが棚田でイモをつくっているはずだった。だが、そんなものはどこにも見ることができなかった。ときおり出くわす土地の人たちは皆、小脇にバケットを抱えているのだった。話してみると、第二次世界大戦まではまだイモつくりは少しは残っていたのだが、戦後はフランス人コロン（入植者）の牧場が広がり、イモ畑はすべてつぶされ、主食もパンになったのだという。すでに前章でも述べた話である。

このあたりの太平洋の島々は軒並みみな似たような状態である。ニューカレドニアの北にあるソロモン諸島からミクロネシアにかけては全島ココヤシとでもいえそうな島がいくつもある。これらは一九世紀末からドイツがコプラ生産のためということで、元の植生を根こそぎ剥ぎとり、ココヤシばかりの島に変えてしまった所である。それと同時に土地の人たちの生活の知恵や社会の仕組みも放棄させられてしまった。

熱帯多雨林地帯に来るとその自然はポリネシアよりはもっと豊かで、深みがある。だが、この熱帯多雨林でも同じように、元の自然と人間の生活は多くのところで否定され、きわめて単純な構成のプランテーションに変えられてしまっている。その典型的な例は前章でも見たようにゴムプランテーションである。

ゴムプランテーションの行なわれているマレー半島には数万種の植物がある。マレー人たちはそれらについて膨大な知識を持った博物学者であり、本来、彼らはこの森を生かす知恵者なのである。だが、イギリス人たちはそういうマレー人は原始的で、森そのものは何の役にも立たないということでそこを破壊し、ゴムというただ一種の作物だけで置き換えた。そして、それをすばらしい処置だったというのである。

こういうことをいいだすと、すぐに思い出す場面がある。現地の人たちと一緒に森に入ったときのことである。彼らはそこで見る木の名を次から次へと教えてくれた。この葉は薬になる、この木は大量の樹脂を出す、その材は船の帆柱によい、等々と説明してくれた。要するに森全体について豊富な生きた知識を持っていたのである。これに比べると、私たちを含めて先進国の人間はまったく何も知らない。すくなくとも、森にいるかぎり、現地の人たちの知識は欧米人や私たちより何百倍も上である。何をもって原始的だの無知だのと判定するのであろうか。こういうレベルの知識や知恵しか持たない外部者の手によって、熱帯多雨林のきわめて豊富な遺伝資源は現実に次々と消滅させられたのである。

遺伝資源が失われただけではない。そこに住む人たちの生活や社会が無理矢理変えられた。すでに少し見たようにカナカ人たちの生活が完全に変えられた。オランダが行なった砂糖キビの強制栽培はジャワ人社会に甚大な影響を与えた。もっとひどいのは黒人奴隷のケースである。

プランテーション農業の拡大ということで、私たちは本当に大きな無茶をした。本来、地球上にある生態は実に多様なのである。その多様な自然に適応して人間の営みがあり、個別の社会ができている。それは何千年にもわたって生態と人間の間で築き上げられてきたものだから、えもいわれぬ調和があり、実にすばらしいものなのである。それを無視し、傲慢な暴虐をやってきた。それがプランテーションなのであった。

こうした失敗の実態がはっきりわかったのだから、私たちはもう一度元に戻って、自然の恵みをしっかりと受けるようにしなければならない。伝統的な地域農業を通して元の調和をとり戻すようにしなければならない。

健康な生活

現代人にとって最も大きな問題は生活感の喪失ということではなかろうか。IT革命だのバーチャルリアリティだのといって、実態がどこかへ行ってしまって、虚構ばかりが一人歩きしている。虚構だとわかっておればよいのだが、虚構と実態との区別がつかないような状態にさえなっている。

例えば、メル友がその例である。顔も知らない、声も聞いたこともない、そんな人をまるで親友のように勘違いしてしまい、そんなことの延長でとんでもない事件を引き起こしたりする。おまけに、引き起こしたその事件に対しても現実か虚構かわからないような状態になっている。現代人は今、あまりにも人工化されすぎた空間に住んでいて、多かれ少なかれ多くの人たちが、こういう状況に置かれている。

体を動かさないで、頭の中だけで処理することがいかに病的な状況をつくり出すかということは私自身も若いころに十分体験した。小説ばかりを読みすぎていた私は一時、社会生活ができなくなった。ガランとした家に仰向けになって天井ばかり見つめていた。神経は研ぎすまされているのだが明らかに異常で、どんどん深みにはまっていき、非常識な行動に出る直前まで行った。四〇年の昔だとあれは一部の人間の罹る病気だったが、今は全ての人がその病に冒されている。都市生活が進みすぎて、肉体を動かす機会がほとんどなくなったからである。

私は人間にとって最も健康な生活は農業のある生活だと確信している。理想は例えば里山の生活である。里山だと緑は多く、空気は澄んでいる。眺めも良い。そんな中で野菜をつくり、谷筋ではコメをつくる。まわりの茂みでは、野ブキや竹の子、ワラビやゼンマイ、ウドやタラの芽、数えあげれば切りがない。植えておけば柿や栗やみかんもとれる。ちょっとした料理は枯枝を薪にしてやればよい。筋肉を使い汗をかいて、こうして自分で手に入れたものを自分で料理して食べるのはなんと爽やかなことだろう。俺もなかなかやるじゃないか、と自分を褒めてやりたい気持ちになったりする。毎日毎日こうして木々や野草や作物と接しているのだから、そのうち木や草に情が移り、それらが自分の仲間のように見えてくる。

こうしたものが本来の人間の生き方というものではないのだろうか。自分も自然の中に混じって皆と一緒に元気に生きている。皆、ピチピチと元気に生きているから、自分もそれに混じって元気に生きる。こんなふうな気持ちになれるとき、それが人間として最も健康な状態、ということになるのではなかろうか。私は自分の経験から、そして、周囲にみる現状からして、そんなふうに思わざるをえないのである。

日本にはまだ多くの農地が残っている。確かに今の農業は機械化され、昔に比べるとまるで趣がなくなった。だが、まだまだ自然を残してい、手作業の部分を多く残している。ちょっと視点を変えて、これをうまく利用しだせば、本当に人間を回復させる場として用いられる。

同僚の小貫雅男さんは『週休五日制による、三世代「菜園家族」酔夢譚』（二〇〇〇年、滋賀県立大学人間文化学部小貫研究室発行）を出している[36]が、同氏がそこで主張しているものは、まさにそういう生き方である。週二日間だけ会社や役所で働いて、他の五日間はゆっくり菜園つくりを楽しもうではないか、ということである。私も同氏の主張に賛成である。

日本的なもの

世界の農業が人類に与えてくれる一般的な恩恵の他に、日本の農業はまた特別な意味を持っている。他ならぬ農業そのものが日本社会をつくり上げてきたという特殊な歴史である。最後にこの点を述べて、この小冊子を閉じることにしたい。

この日本の歴史に入る前に、少し世界全体の流れにも目をやってみよう。これから世界は多文明共存の時代に向かう。近代では合理主義と経済的能率ということが最も重要なこととされ、これこそは世界中の人たちが追求すべきものとされてきた。だが、最近ではこれは間違いであった、と考えられ始めている。この路線を突っ走ってきた結果が、とめどない環境破壊や経済格差の拡大につながっているのである。さらには経済的には成功したところでも心の病などの問題が出てきている。先に見た、行きすぎた人工化がもたらす問題である。こんなことがあって、今、この近代の路線の見直しが求められているのである。

こうした反省のなかで出てきたのが、多文明共存という考え方である。地球上にはいろいろの生態があり、多様な歴史的経緯があるのだから、いろいろの文化、いろいろの社会があるのが当然ではないか、という考え方である。その多様なものを認めあったうえで、それらの共存の方法を探っていこう、というものである。こういうことで、今、世界中が自分たちの生き方をもう一度問い直し始めている。二一世紀は、それぞれの地域がこれこそ本当の自分の生き方だ、納得のいく生き方だというものを出しあって、生きていくような時代になるのである。

こうなったとき、日本は何を自分のものとしたらよいのだろうか。結論からいうと私は地縁共同体というものだと思う。相互監視しあいながらも、お互いに助けあって生きていくというあの生き方である。お互いに目を配りあっているのだから、一人ぽっちになって異常な行動に走ることもない。困ったときには助けてもらえる。しかもそれが何世代にもわたって続けられるように仕組まれている。この地縁共同体さえしっかり持ち続けていれば、多文明の時代にも私たちは抹殺されることなく生きていけると思うのである。

日本の地縁共同体が稲作を通じてつくられたことはすでに述べた。そして、日本が戦後、驚異的な経済発展をとげたのもこの地縁共同体の伝統があったからだといわれている。仲間のためには自分を犠牲にしてでも働く。この滅私奉公の美徳を持った人たちがいたからこそ会社は業績をあげたのである。確かに、日本の強さはここのところにあった。

ところが、最近の日本は少し様子が違う。戦後の教育の影響があって滅私奉公よりもむしろ個人の権利の主張が強く進められてきた。そして、おそらくはこれが原因になってのことだろう、いろいろの問題が出てきている。例えば、老人介護の問題ひとつとっても、それが端的に現われている。共同体はなくてよいという前提に立ったから、介護なども税金で賄うということになった。しかし、これで本当にうまくいくのだろうか。早い話が、いざこれでやりだしてみると大変な資金がいることがはっきりしてきた。この方法は財政的にも破綻をきたしそうなのである。老人の介護などということなども結局は、家族や近所の人たちがお互いに助けあってやらねばならないのである。すくなくとも日本ではそれがいちばん似合っている。

こういうことがわかってきたのだからこの地縁共同体の意味をもう一度しっかりと考え直す必要があるのではなかろうか。私たちがかつて持っていた地縁共同体に誇りを持つべきなのではなかろうか。思い起こしてほしいのだが、私たちはかつて、「もうひとつの近代」を目指した人間なのである。イギリスなどが全てを金で片づけるという経済中心主義を軸として進みだしたあのとき、私たちが目指したのは自給する地域、助け合う地域であった。世界資本主義経済の路線は今見直されようとしている。「もうひとつの近代」の考え方があらためて評価されようとしているのである。

地縁共同体は叩かれ、確かに弱められた。しかし、それでもまだ、それは日本の社会の基底には厳然として存在し、今日に到っている。私たち日本人は確かに戦後、いろいろのものを学習した。だが、それは皆、借り物だった。だから、何ひとつ本当の意味では身についていない。近代のノウハウで武装した都市はせわしげに動いている。だが、その中心には何もなく、空洞化している。

この日本の基底にまだ残っているもの、それを育ててきたのが農業、とりわけ稲作農業であった。そういうことを考えながら稲田を見るとき、私は稲田に深く頭を下げたくなるのである。ありがとうございました、おかげで私たちの今日があるのです、荒れ果ててしまった日本ですが、まだ全部がつぶれてしまったわけではないのです、すくなくとも田舎には日本の基底が残っています、ありがとうございました、とそんな気持ちになるのである。

私たちはもう少し、自分たちの国の歴史に誇りを持つべきなのではなかろうか。そして、この国を今日あらしめている風土に感謝の気持ちを持つべきではなかろうか。そうしなければ根なし草になった民族では、やってくる多文明の時代はけっして生きのびてはいけない。

どの民族も、それぞれに風土の中で風土にあった生活をしていく、それが世界の民族の共存の本当の姿であり、また、人と自然の共存の本当の姿でもある。

文献一覧

（1）中尾佐助『栽培植物と農耕の起源』一九六六年、岩波新書
（2）Van Zeist (1977) "On Macroscopic Trace of Food Plants in Southwestern Asia" The Eary History of Agriculture, ed. by J. Hutchinson et al. British Academy of Oxford Univ. Press
（3）柴田三千雄ら編『生活の技術、生産の技術』「世界史への問い」2、一九九〇年、岩波書店
（4）安藤和雄「ベンガル・デルタ農業における稲作に関する研究」一九八四年提出、京都大学農学研究科修士論文
（5）三田昌彦「インド古代の農業経営」一九八八年提出、名古屋大学大学院修士論文
（6）応地利明「インド・デカン高原南部におけるミレット農業の農法的検討」『京大文学部紀要』二〇号、一九八一年
（7）天野元之助『中国農業の地域的展開』一九七九年、龍溪書舎
（8）宮嶋博史「朝鮮農学史上における十五世紀」『朝鮮史叢』第三号、一九八〇年
（9）宮嶋博史「朝鮮半島の稲作展開」渡部忠世ら編『稲のアジア史』第二巻、一九八七年、小学館
（10）ヴェルナー・レーゼナー著・藤田幸一郎訳『農民のヨーロッパ』一九九五年、平凡社
（11）A. N. Duckham & G. B. Masefield, 1970, Farming System of The World, Chatto & Windus
（12）天野元之助『中国農業史研究』増補版、一九七九年、御茶の水書房
（13）藤澤義美『西南中国民族史の研究』一九六九年、大安
（14）郭文韜「中国古代の生物資源保護と生態農業の発展」郭文韜ら著・渡部武訳『中国農業の伝統と現

代』一九八九年、農文協、二五二ページ

(15) 馬孝劬「中国古代農牧結合のすぐれた伝統」郭文韜ら著・渡部武訳『中国農業の伝統と現代』一九八九年、農文協、五六ページ

(16) 谷泰「家畜管理の諸形態」福井勝義・谷泰編著『牧畜文化の原像』一九八七年、日本放送出版協会

(17) 杉山正明『遊牧民から見た世界史』一九九七年、日本経済新聞社

(18) 松原正毅『遊牧民の肖像』一九九〇年、角川書店

(19) 中尾佐助『ニジェールからナイルへ』一九六九年、講談社

(20) 掛谷誠「伝統的農耕民の生活構造――トングウェを中心として――」伊谷純一郎・田中二郎編著『自然社会の人類学』一九八六年、アカデミア出版会

(21) 掛谷誠「焼畑農耕社会の現在――ベンバ村の一〇年」田中二郎ら編著『続自然社会の人類学』一九九六年、アカデミア出版会

(22) 佐藤俊「ラクダ遊牧民の生計活動と食生活」福井勝義・谷泰編著『牧畜文化の原像』一九八九年、日本放送出版協会

(23) 福井勝義「ウシ牧畜民ボディ族の遊動に関する考察」福井勝義・谷泰編著『牧畜文化の原像』一九八九年、日本放送出版協会

(24) Jacques Barrau, 1958, Subsistence Agriculture in Melanesia

(25) L. M. Serpenti, 1977, Cultivators in the Swamp: Social Structure and Horticulture in a New Guinea society

(26) L. J. Brass, 1941, "Stone Age Agriculture in New Guinea" Geographical Review vol. 31, no4

（27）Leopold J. Pospisil, 1963, The Kapauk Papuans of West New Guinea
（28）B. Malinowski, 1935, Coral Garden and Their Magic
（29）H. I, Hogloin, 1939, "Tillage and Collection: A New Guinea Economy" Oceania 9-2
（30）山本紀夫『インカの末裔たち』一九九二年、NHKブックス
（31）インカ・ガルシラソ・デ・ラ・ベガ著・牛島信明訳『インカ皇統記』一九八六年、岩波書店
（32）加茂雄三『地中海からカリブ海へ』一九九六年、平凡社
（33）川北稔「大西洋奴隷貿易の展開とカリブ海域」歴史学研究会編『講座世界史』2、一九五五年、東京大学出版会
（34）Ravinda K. Jain, 1970, South Indians: On the Plantation Frontier in Malaya. Univ. of Malay Press & Yale Univ. Press
（35）亀谷是編著『アメリカ米産業の素顔』一九八八年、富民協会
（36）小貫雅男『週休五日制による、三世代「菜園家族」酔夢譚』二〇〇〇年、滋賀県立大学人間文化学部小貫研究室

あとがき

「ああ、やっぱり起こってしまった!」世界貿易センタービルへの自爆の放映を見て、私は思わずそう叫んだ。あの事件までに私はこの本を書いてしまっていたのだが、執筆中、繰りかえし思っていたことは、こんな暴虐が続いているとそのうち不満が爆発して大変なことが起こるに違いないということだった。

あの事件が起こってからもアメリカの暴虐は少しも衰えていない。むしろ一層激しくさえなっている。アメリカは自分の考えることだけが正しいとし、他人を力でもって叩き潰している。イスラーム世界が叩かれ、北朝鮮が敵視されている。「テロ」再発の危険はますます大きくなっているのである。

アメリカは口では正義や公平を唱えるが、本当はそんなものは全く考えていない。世界平和にかんする理念なども全く持っていない。彼らの判断基準は、自分にとって得か損かだけである。だから、例えば、あの京都議定書の破棄なども平気でやるのである。世界のほとんどの国が地球の環境を考えて規制を決議したとき、アメリカだけは、そんなことをしては自国の経済発展のためには不都合だといって、決議を踏みにじるのである。ソ連が崩壊してからのアメリカは一人勝ちである。唯一の超大国になって、したい放題をやっている。これでは「テロ」が起こるのも当り前である。

考えてみると、アメリカはイギリスが二〇〇年ほど前に始めた世界制覇の道を今も突き進んでいる。

地域農業が平和な共存をやっていたときに、そこに突然入りこんできて、自分の儲けだけのためにしたい放題をやったのがプランテーションだった。砂糖キビ、棉、ゴムのプランテーションがどんなに人びとを苦しめたかは詳しく述べたところである。それと同じことをアメリカは今やっている。工業という分野で、もっと大規模にやっている。これでは被害者の不満が爆発するのは当り前である。ところで、日本はどうなのだろう。日本はみっともないくらいにアメリカに追随している。発展途上国の人達が、日本はアメリカの共犯者だというのは当たっている。日本もまた、自分のことだけしか考えないで、金儲けに狂奔している。恥ずかしいことであり、危険なことでもある。

私はこの本のなかでは、プランテーションがいけなかった、イギリスがいけなかった、アメリカがいけないと書いてきた。だが、本当は日本もいけない。読み返してみて、日本への反省が足りなかったと思っている。日本もよほど考え直さねばならないのである。

どのように考え直すのか？　いろいろの議論はありうるのだろうが、結局は最後にはひとつの所に行きつく。一昔前の自給的な日本に帰るくらいの気構えを持って、一人ひとりがつつましく生きていくより手がない、ということである。他人の物を奪い取ってでも自分だけは楽な生活をしようというのが欧米近代の考えだったし、日本も途中からその考えに乗った。だが、これを考え直す必要があるのである。他人には迷惑をかけないで、自分の所の物だけで生きていく。そのように考えるより他に、結局は途はないのである。「もうひとつの近代」といわれたやり方に帰るのである。

私は、小泉さんも馬鹿ではないと思う。何も、アメリカの尻にくっついて行くのばかりがよいと考えているのではないと思う。ただ、今はそうせざるをえないのである。何故なら国民の多くがもっとお金が欲しいというからである。アメリカにくっついて経済を発展させる政治を望んでいるからである。だから、本当にこの流れを変えようとするなら、国民の多くが考えを変えるより他に手はない。一人ひとりが考え直し、そうした人が多く集って、「小泉さん、本当にまともに生きていきましょう」というより仕方がないのである。その時になってはじめて、小泉さんも無理をしなくてよくなるのである。皆んな一緒になって本道を進むことができるようになるのである。

世界貿易センタービルの事件が起こってから、私はますます強く思うのである。こんなことが起こらなくなるようにするためには、結局は一人ひとりが自分の生まれたその場でつつましく生きていくように努める以外に途はないのだと。そして、それは日本の場合だと、まさに稲作を重視した日本的風土の構築そのものなのだと。

この小冊子は自分で思いたって、原稿を作り、農文協に持ちこんだ。この出版社が今の自分の気持に一番ふさわしいと思ったからである。協議して下さり、出版ということになった。そして、実際の編集という段階になると、金成政博さんにお世話いただくことになった。金成さんからは「もう少し日本のことを書いたほうがよい」などというアドバイスをいただき、そのように追加などして、今の形になった。原稿のワープロへの入力は例によって、滋賀県立大学の学生の星野志保さんにやってもらった。なぐり書きの原稿がきれいに活字になって出てきたので推敲が大変しやすかった。同じ学生の中田春奈さんからはアンデスの写真を借りた。高山病でフラフラになりながら撮った写真らしい。

こうして何人かの人達に助けてもらってこの本はできた。金成さんにお世話になったことは勿論だが、まわりの学生諸君にもずいぶんお世話になった。温かい雰囲気の中で、楽しみながら仕事が進められたのは地元の大学にいたからで、ありがたかった。お世話になった方々にお礼を申しあげておきたい。

平成十四年二月

彦根のキャンパスで

高谷好一

高谷　好一（たかや　よしかず）

滋賀県立大学人間文化学部教授。理学博士。

1934（昭和9）年、滋賀県生まれ。58年、京都大学理学部地質学鉱物学科卒、63年、理学博士。67年、京大東南アジア研究センター助手〜教授を経て、95年より現職。

日本熱帯農学会、東南アジア史学会、東南アジア考古学会各会員。

タイ、インド、アマゾン、ナイル・チグリス、ウズベキスタン、モンゴル、中国、中東、スマトラ、マレー半島、ニューギニア、中南米、西アフリカ、ヨーロッパ等々世界の農業農村、土地利用調査を計40回。

主な著書：『熱帯デルタの農業発展』1982年、創文社、『東南アジアの自然と土地利用』85年、勁草書房、『コメをどう捉えるのか』90年、NHKブックス、『新世界秩序を求めて』93年、中公新書、『＜世界単位＞から世界を見る』96年、京大学術出版会、『日本農業への提言』01年、農文協、共著、など多数。

多文明共存時代の農業

人間選書241

2002年3月20日　第1刷発行

著　者　高谷　好一

発行所　社団法人　農山漁村文化協会
郵便番号　107-8668　東京都港区赤坂7丁目6-1
電話　(03) 3585-1141（営業）(03) 3585-1145（編集）
FAX　(03) 3589-1387　振替　00120-3-144478

ISBN 4-540-01006-9
DTP制作／吹野編集事務所
印刷／光陽印刷（株）
製本／根本製本（株）
定価はカバーに表示

農文協の人間選書〈農業、エコロジー〉

52 日本の自然と農業　山根一郎著　1050円

53 農業にとって土とは何か　山根一郎・大向信平著　1050円

55 有機農法　自然循環とよみがえる生命　J・I・ロディル著　一楽照雄訳　1950円

57 農業にとって生産力の発展とは何か　椎名重明著　1050円

59 水田軽視は農業を亡ぼす　吉田武彦著　1050円

60 戦後日本農業の変貌　成りゆきの30年　農文協文化部編　1050円

62 農学の思想　技術論の原点を問う　津野幸人著　840円

91 百億人を養えるか　21世紀の食料問題　ジョゼフ＝クラッツマン著　小倉武一訳　1260円

97 日本農業は活き残れるか(上)　歴史的接近　小倉武一著　1365円

100 農文協の「農業白書」　食と農の変貌　農文協文化部著　1260円

111 日本農業は活き残れるか(中)　国際的接近　小倉武一著　1575円

116 日本農業は活き残れるか(下)　異端的接近　小倉武一著　1680円

156 小農本論　だれが地球を守ったか　津野幸人著　1631円

188 小さい農業　山間地農村からの探求　津野幸人著　1850円

189 農業を考える時代　生活と生産と分化を探る　渡部忠世著　1940円

194 日本農法の水脈　作りまわしと作りならし　徳永光俊著　1840円

195 過剰人口　神話か　脅威か？　ジョゼフ・クラッツマン著　小倉武一訳　1630円

199 食の原理　農の原理　原田津著　1470円

200 むらの原理　都市の原理　原田津著　1470円

204 水田を守るとはどういうことか　生物相からの視点　守山弘著　1700円

216 原点からの農薬論　生き物たちの視点から　平野千里著　1600円

228 対論　多様性と関係性の生態学　小原秀雄・川那部浩哉・林良博著　1700円

233 日本農法の天道　現代農業と江戸期の農書　徳永光俊著　1850円

238 小農はなぜ強いか　守田志郎著、徳永光俊解説　1400円

（価格は税込み。改定の場合もございます。）